Hochsensibel & glücklich

Das kleine Buch für große Herzen!

~ Michael Repkowsky ~

INHALT

Vorwort

Hochsensibilität ist keine Schwäche, die zu einer Stärke gemacht werden muss, sondern eine Gabe, die bereits kraftvoll genug ist. Dieser Ansatz müsste sowohl hochsensiblen Kindern als auch Erwachsenen vor Augen geführt werden, damit sie sich selbst besser verstehen und sich nicht mehr kleiner machen, als sie sind. Es freut mich sehr, dich hier zu treffen. Das kleine Buch für große Herzen richtet sich an Menschen, mit sensiblen Wahrnehmungskanälen. Menschen, die mehr spüren als andere. Menschen, die intensiver fühlen, weil sie mit ihrer Intuition tief verbunden sind, auch wenn sie das vielleicht gar nicht wissen.

In einer hektischen Welt fällt oftmals derjenige auf, der von den enormen Sinneseindrücken überfordert ist. Derjenige, der Missstände und Ungerechtigkeit frühzeitig erkennt und sich entsprechend äußert, wird nicht selten als „abnormal" bezeichnet. Demjenigen, den ehrliche Worte, herzliche Gesten und friedvolle Taten berühren, sagt man häufig nach, er sei „zu sensibel" für diese Welt.

Hochsensible Menschen erhalten manchmal sogar den Rat, sie sollen doch gefühlskälter und rauer werden. Sich an die üblichen Verhaltensweisen der Ellenbogengesellschaft anzupassen, scheint für Menschen, mit einer geringeren Feinfühligkeit, die Lösung für das Problem zu sein. Genau hier stehen wir meines Erachtens vor einer bedeutenden Weggabelung mit zwei Richtungsmöglichkeiten. Dass wir uns vom Begriff des „Problems" unbedingt und vor allem so früh wie möglich verabschieden sollten, wenn wir über Hochsensibilität sprechen, zeigt die folgende Weggabelung, bei der es die richtige Wahl zu treffen gilt: *Sintnnekre-Weg oder Hartweg?*

Wir können links abbiegen und auf diesem Weg dann versuchen, unsere Feinfühligkeit zu drosseln, sie krampfhaft zu unterdrücken. Für viele scheint dies die einfachste Lösung zu sein. Das ist verständlich, denn wer überfordert ist, braucht oftmals strikte Vorgaben, nach denen er sich, ohne viel nachzudenken, richten kann. Emotionale Überlastung nimmt den nötigen Raum für Selbstreflexion. Gefühlt ist dafür also schlichtweg keine Kapazität vorhanden. Was der Hochsensible jedoch nicht weiß, sofern er sich seiner Hochsensibilität (noch) gar nicht wirklich bewusst ist, ist Folgendes: Der „Sintnnekre-Weg“, ist der Weg zu seinem Herzen und dieser kann nicht falsch sein. Warum? Weil das Herz der Schlüssel zur Erkenntnis ist. Das soll keine esoterische Worthülse sein, die dich weichspült, sondern einmal mehr die wahrlich vorhandene Kraft deiner Innerlichkeit verdeutlichen. Vermutlich ist dir schon beim ersten Anblick der Tafel der Wortsinn von „Sintnnekre-Weg“ aufgefallen.

Es würde mich kaum wundern, wenn du ihn bereits rückwärtsgelesen hast, bevor ich darauf hinweise. Richtig, dieser Weg ist jener, der Erkenntnis. Um genau zu sein, ist es der Weg der Selbsterkenntnis. Du liest diese Worte und hast dich für diese Lektüre wahrscheinlich intuitiv entschieden. Das bedeutet: Du befindest dich bereits am (richtigen) Weg. Lerne dich selbst kennen und verstehe endlich, dass du nicht „falsch“, sondern besonders begabt bist. Deine feinfühligen Antennen sind etwas Wertvolles. Etwas, das es meiner Denke nach zu ehren gilt. Etwas, das die Erdbevölkerung brauchen kann, um ein friedvolles und ausgeglichenes Miteinander zu schaffen. Wenn der Hochsensible weiß, dass er hochsensibel ist, kann er sich und sein Gefühlsfeuerwerk nicht nur deuten, sondern es gezielt einsetzen und damit am allermeisten in dieser Welt bewegen. Während du dich auf dem „Hartweg“ zu mehr Härte zwingst, obwohl dies nicht deinem echten Naturell entspricht, wirst du auf dem “Sintnnekre-Weg“ sukzessive gefestigt und zwar auf natürliche Weise. Du wirst emotional stabiler, ohne deine Gabe dabei zu leugnen. Im Gegenteil: Du wirst deine Stärken bedacht miteinfließen lassen und dabei einen kühlen Kopf bewahren. Das kleine Buch für große Herzen begleitet dich dabei.

Im Grunde besteht mein Anliegen darin, dem hochsensiblen Menschen klarzumachen, dass er hochsensibel und somit besonders begabt ist, damit er schrittweise robuster wird und ein selbstbestimmtes Leben führen kann. Hierfür sind klare Worte und eine gewisse Struktur wichtig. Einerseits muss sich der hochsensible Mensch über seine Gabe als solche erkundigen, damit er von seiner schöpferischen Kraft Gebrauch machen kann. Andererseits soll es nicht darum gehen, ihn übermäßig zu „streicheln“. Dieser Ratgeber soll demnach auch Unangenehmes offen ansprechen und somit die Einführung in dieses Themengebiet direkt und ehrlich und gestalten. Ja, das Hochsensibelsein ist definitiv etwas Besonderes. Und ja, hochsensible Menschen liegen mit ihrem intuitiven Gefühl fast immer richtig. Aber eine gewisse Stabilität der eigenen Gefühlswelt und eine gekonnt distanzierte Beobachtung sind dennoch essenziell, um in dieser Welt nicht als Spielball zu dienen – davon bin ich zutiefst überzeugt.

Ich sehe es so: Wer sich seiner Hochsensibilität nicht bewusst ist, fährt in einer wilden Achterbahn durchs Leben, welche er für einen gewöhnlichen Zug hält. Er kommt meistens nicht auf die Idee, die turbulenten Lebensstrecken grundlegend zu hinterfragen, sondern nimmt sie eher unkritisch, jedoch mit einem gewissen inneren Unwohlsein hin. Demzufolge kann er sie meist auch nicht richtig einordnen und so versucht er, sich den wilden Gegebenheiten anzupassen, um mit den scharfen Kurven seiner Emotionswelt klarzukommen. Das Ziel soll also darin bestehen, diese Achterbahn endlich zu erkennen und sie daraufhin zu verlassen, damit du den Weg der Erkenntnis in deinem eigenen Tempo gehen kannst. Ein Tempo, das du fortan selbst bestimmst, um nicht jeden Moment von der nächsten scharfen Kurve überrascht und völlig aus dem Konzept gerissen zu werden.

Einleitung

Viele Menschen haben keine Ahnung, welche Gaben und Talente in ihnen schlummern, und so interpretieren sie einen Großteil ihrer Lebenserfahrungen und Lebensumstände falsch. Noch schwieriger gestaltet sich das Ganze klarerweise, wenn man nicht nur selbst, sondern auch das persönliche Umfeld zu wenig informiert und aufgeklärt ist. Von Unwissenden werden Hochsensible daher rasch stigmatisiert und abgestempelt oder mit falschen Diagnosen versehen. Sonach ist es in diesem Themenkomplex umso wichtiger, Aufklärungsarbeit zu leisten. Es ist meiner Meinung nach für jeden Menschen wichtig, zu wissen, was es mit Hochsensibilität auf sich hat. Nicht nur, damit man sich selbst „überprüfen“ und quasi „diagnostizieren“ kann.

Es geht auch um die gesamtgesellschaftliche Verantwortung, denn ein gesundes Fingerspitzengefühl kann dabei helfen, sich in Anwesenheit eines Hochsensiblen entsprechend zu verhalten – auch sich selbst zuliebe. Für ein friedliches Miteinander, auf authentischer Ebene, ist ein gewisses Maß an emotionaler Intelligenz sicherlich kein Nachteil.

Mit anderen Worten: Ganz gleich, ob du persönlich hochsensibel bist oder nicht – Hochsensibilität zu (er)kennen und die damit einhergehenden Aspekte gewissermaßen zu verstehen, ist für unser aller Dasein von Vorteil. In diesem Buch spreche ich vorrangig direkt zu dir, als hochsensiblen Menschen, und versuche trotzdem gleichzeitig, ein paar allgemeine Erkenntnisse zu erläutern.

Zum Lesen dieses Buches lade ich dich also auch dann ein, wenn du selbst nicht „betroffen" bist. Sich diesbezüglich Wissen anzueignen, lohnt sich allein schon aufgrund der Schätzung darüber, dass ungefähr 15 bis 20 Prozent der Menschheit hochsensibel sein könnten. An meiner Schreibweise erkennst du vermutlich schon, dass es meinem Herzenswunsch entspricht, die weltweite Bewusstwerdung anzukurbeln.

„Je eher wir verstehen, was wir tun,
desto früher hören wir damit auf."

An manchen Stellen tauche ich etwas tiefer in die Thematik ein und an anderen bleibe ich bewusst eher seicht. Das mache ich der Klarheit zuliebe. Möchte man sich im Internet über Hochsensibilität informieren, stößt man hier und da auf stark emotionale, teilweise sehr aufgebrachte Vortragende, welche versuchen, ihren Gefühlstsunami in Worte zu fassen. Das ist weder gut noch schlecht. Es ist nicht zu bewerten und wenn doch, ist es eher gut, da Gefühle eben gefühlt werden wollen und sollen. Aber was zumeist auf der Strecke bleibt, sind praxisbezogene Erklärungen, sachliche und objektive Informationen. Das ist keine leichte Aufgabe und ich habe selbst länger überlegt, ob ich dieses Buch schreiben soll.

Wie du unschwer erkennen kannst, habe ich mich letztlich doch dafür entschieden. Der Auslöser dafür war ein bestimmtes Gespräch zwischen einem Vater und seinem circa achtjährigen Sohn, den er an einem Tag auf Wunsch des Klassenvorstandes von der Schule abgeholt hatte. Der Klassenvorstand wollte den Vater persönlich sehen, um etwas Wichtiges zu besprechen. Dazu gleich mehr. Dem Gespräch zwischen dem Sohn und seinem Vater lauschte ich in einer Wiener Straßenbahn. Dabei ging es um den Schulunterricht und um ein paar seiner

Mitschüler. Der Sohn erzählte dem Vater unter anderem, dass er die Fragen des Lehrers oft beantworten könnte, es aber absichtlich unterlässt, da er nicht verspottet werden möchte.

Generell sei ihm der Schulstoff zu langweilig, weil dieser ihn geistig nicht genug fordert, aber der, der viel weiß, wird als „uncooler Streber" diffamiert. Der Vater hörte nicht wirklich zu, er nickte ab und an, gab zwischendurch ein halbherziges „Mhm" von sich und war damit beschäftigt, irgendein Spiel mit bunten Symbolen auf seinem Smartphone zu spielen. Der Junge durfte das bereits gewohnt sein, denn er schien kein Interesse vonseiten des Vaters zu erwarten. Er versuchte zwar kurzzeitig, Augenkontakt herzustellen, aber nach wenigen erfolglosen Minuten gab er auf und so sprach er monoton weiter während er mit müden Augen aus dem Fenster sah. Er erwähnte den Spott, welchem er ausgesetzt war, sobald er zeigt, was er weiß, und sprach davon, dass einige seiner Mitschüler eine dunkle Energie ausstrahlen. Da er dies deutlich spüren kann, meidet er die Nähe zu diesen Kindern. Diese suchen jedoch stets seine Nähe, um ihn zu hänseln.

Nach einem weiteren „Mhm" des Vaters, meinte der Kleine, dass „Physik und Chemie" sein Lieblingsfach sei und dass er beim letzten Wettbewerb der schnellste Schüler von allen war. Mit glänzenden Augen blickte er nun zum Vater und fragte: „Hat dich die Lehrerin deswegen eingeladen"? Daraufhin ließ der Vater die Hand mit dem Smartphone in seinen Schoß fallen, blickte widerwillig zum Sohn herab, presste seine linken Mundwinkel zusammen und antwortete im genervten Tonfall: „Nein, nicht deswegen. Deine Lehrerin hat mir nur erzählt, dass du wahrscheinlich hochsensibel bist. Genau das sage ich ja immer. Du bist einfach zu sensibel für die Welt, aber das werden wir dir sicher noch abtrainieren, keine Angst."

Der Sohn war sichtlich erschrocken und nach einer kurzen Pause legte der Vater nach: „Und wenn du nicht willst, dass dich die anderen Schüler nerven, dann stell dich einfach dumm!"

Zwar war das nur ein kurzes Erlebnis, ein kleiner Einblick in den vermeintlichen Alltag eines Jungen, der laut seiner Lehrerin die typischen Merkmale eines Hochsensiblen aufwies, doch ließ mich das Ganze nicht mehr los. In der folgenden Nacht wiederholte sich diese Szene noch einmal in meinem Traum. Statt der Straßenbahn war es jedoch ein Bus, mit dem wir fuhren und ich saß nicht auf einem Sitzplatz, sondern schwebte über dem Jungen und seinem Vater. Alle anderen Fahrgäste bewegten sich nicht. Sie saßen still und starrten mit ihrem leeren Blick gegen die Fahrtrichtung. Alle Sitzplätze, bis auf den des Jungen, waren gegen die Fahrtrichtung ausgerichtet. Der Vater redete intensiv auf den Jungen ein, aber dieser war sowohl körpersprachlich als auch geistig abwesend. Er wandte seinem Vater lediglich sein Gesicht zu, aber sah mich dabei schweigend an. Es ist nicht leicht zu beschreiben und möglicherweise kommt dir das seltsam vor, aber ich verspürte eine innige Verbindung zu ihm, als wären wir so etwas wie „Seelenverwandte". In diesem Traum kommunizierten wir lautlos und doch klar und deutlich. Wir tauschten keine Worte aus, sprachen aber dennoch dieselbe Sprache. Gefühlt streckte sich der Traum über einen Zeitraum von mehreren Minuten und zu Ende ging er, als der Junge letztlich doch einen Satz mit Worten zu mir sprach. Während der Vater impulsiv und völlig unkontrolliert in das Ohr des Kleinen fluchte, sah mich dieser selbstsicher an und sagte: „Er sieht mich nicht."

Diese Aussage riss mich aus dem Schlaf. Es war genau 06:41 Uhr, mein Puls leicht erhöht, mein allgemeiner Gefühlszustand jedoch positiv. Ich fühlte mich aufgeladen, voller Energie und war entschlossen, gleich wach zu bleiben. Gedacht, getan. Noch bevor ich ins Badezimmer ging, um mein Gesicht mit kaltem Wasser zu waschen, schrieb ich mir den Satz „Er sieht mich nicht" auf einen Notizzettel. Es dauerte ein wenig, bis ich vollkommen munter wurde, doch nach und nach ergab der Satz des Jungen einen Sinn für mich. Zwar lässt sich oberflächlich betrachtet kein Zusammenhang herstellen, aber auf intuitiver Ebene erschien mir die Botschaft eindeutig: Ich sollte meine Idee in Bezug auf dieses Buch umsetzen. „Er sieht mich nicht" hieß also nicht wirklich, dass der Vater seinen Sohn nicht mit seinen Augen sehen kann. Vielmehr verstand ich es so, dass der Vater nicht genügend über Hochsensibilität aufgeklärt wurde, er in diesem Punkt nicht belesen ist und der Sohn es damit sehr schwer hat, da er nicht als das wahrgenommen wird, was er ist: nämlich als ein junger Mensch mit einer sehr wertvollen Begabung.

Diese Begabung wird nicht ansatzweise gesehen und somit auch nicht der Junge in seiner Vollkommenheit. Natürlich gibt es bereits jede Menge an Literatur zu diesem Thema. Es bedarf also prinzipiell keines weiteren Buches, welches ich nun über diese Thematik verfasse. Nein, im Kern der Aussage des Jungen ging es lediglich darum, (m)einen Teil zur Aufklärung beizutragen, und genau das mache hiermit. Ich schreibe dieses Buch gerne, die Worte kommen aus tiefstem Herzen und ich freue mich sehr darüber, dich hier zu treffen. Den endgültigen Auslöser kennst du nun, meine tieferen Beweggründe wirst du vermutlich noch zwischen den Zeilen lesen. Geschrieben hätte ich dieses Buch sowieso irgendwann. Die Botschaft des Jungen machte das Irgendwann jedoch zu einem Jetzt.

So denke ich also, dass auch du andere (besser) sehen kannst, sobald du dich selbst siehst. In jedem Fall danke ich dir für dein Interesse und wünsche dir viel Freude beim Lesen. Ich hoffe sehr, dass dir meine Worte dabei helfen, dein bisheriges Leben und dich selbst besser verstehen zu können, sodass du fortan gestärkt nach vorne blicken kannst.

Hochsensibel als Begriff

Widmen wir uns kurz dem Begriff der Hochsensibilität. Immer noch gibt es verschiedene Begrifflichkeiten und Varianten. Die deutsche Terminologie ist sich nicht ganz einig darüber, wie genau das Phänomen, von dem wir sprechen, denn überhaupt genannt werden soll. Oftmals wird mit dem Begriff der „Hochsensibilität“ jongliert und manchmal spricht man fälschlicherweise von „Hochsensitivität“. Missverständlich können häufig auch die Begriffe „Hypersensibilität“ oder “Überempfindlichkeit“ sein.

Wichtig ist, dass wir in diesem Buch die ganze Zeit von ein und demselben Phänomen sprechen: Es geht um ein psychologisches, aber auch um ein neurophysiologisches Phänomen. Im Wesentlichen geht es darum, dass Betroffene Sinnesreize eingehender wahrnehmen als andere. Es hört sich simpel und für Nichtbetroffene womöglich plump an, doch tatsächlich kann eine überdurchschnittlich ausgeprägte Sinneswahrnehmung enorme Probleme mit sich bringen, sofern diese nicht als besondere Gabe erkannt und wirklich verstanden wird. Hochsensible Menschen verarbeiten ihre Sinneseindrücke tiefgehender als der Großteil der Gesellschaft. Dementsprechend reagieren sie auf Sinnesreize auch stärker als andere. Damit heben sie sich von der durchschnittlichen Bevölkerung in gewisser Weise ab. Bitte verstehe mich richtig: Wenn ich die „durchschnittliche Bevölkerung“ schreibe, dann meine ich das keineswegs abwertend. Dem hochsensiblen Menschen ist nicht mehr Wert zuzuschreiben als dem weniger sensiblen Menschen. Umgekehrt gilt klarerweise genau dasselbe. Beide können sich gegebenenfalls ergänzen und voneinander lernen. Wo der eine seine Schwächen hat, hat der andere möglicherweise seine Stärken. Versuche das, was du liest, bitte nicht zwanghaft in „gut oder schlecht" einzuordnen. Des Öfteren habe ich erhitzte Gemüter und reflexhafte Abwehrreaktionen erlebt, wenn es um dieses ging. Manche Menschen fühlen sich beleidigt, minderwertig oder gar ausgegrenzt, wenn sie bemerken, dass sie scheinbar nicht mit dieser Gabe beglückt wurden. Voreilig blenden manche ihre eigenen Stärken komplett aus. Sie fokussieren sich verkrampft auf ihre Defizite und vergessen dabei, dass sie nicht wie irgendein anderer werden sollen, sondern ihr eigenes Potenzial die ganze Zeit darauf wartet, angezapft zu werden.

Ja, Hochsensible weichen vom Durchschnitt der Gesellschafft ab. Sie fallen aus der Reihe und somit auf. Sie ticken oft anders und werden vom Durchschnitt als „nicht normal" wahrgenommen. Gleichzeitig empfinden viele Hochsensible ihre Gabe oftmals als Fluch, vor allem, wenn sie sich noch nicht damit auseinandergesetzt haben. So viel sei erstmal zu den vordergründigen Fakten gesagt. In erster Linie hat das aber nichts mit dir beziehungsweise deiner Wertigkeit an sich zu tun, ob du nun hochsensibel bist oder nicht. Lass dir so etwas nicht einreden – schon gar nicht von dir selbst.

Kurzum: Wisse, dass du einzigartig bist. Deine Einzigartigkeit kann dir niemand nehmen. Kenne sowohl deine Stärken als auch deine Schwächen und vergleiche dich nicht mit anderen, um deinen Selbstwert daraus abzuleiten. Informiere dich gerne, aber sei dir stets über deine Einzigartigkeit bewusst und widme dich lieber deiner individuellen Entfaltung, immerhin schuldest du deinen Träumen noch Leben.

WISSENSCHAFTLICHER ASPEKT

Eine offizielle wissenschaftliche Definition steht bis heute noch aus. Die High-Sensitivity-Forschung steckt diesbezüglich noch in den Kinderschuhen. Am Ende des letzten Jahrtausends schien sich jedoch ein wenig zu bewegen. Wir schrieben das Jahr 1997, als die US-amerikanische Psychologin Elaine Aron den Begriff der Hochsensibilität festlegt. So definiert sie das Phänomen, dass Gehirnreize scheinbar anders verarbeitet werden, als dies bei durchschnittlichen Menschen der Fall sei. Obwohl es diesbezüglich also Forschungen gab und gibt, existiert kein eindeutiges diagnostisches Verfahren, um herauszufinden, ob jemand tatsächlich hochsensibel ist oder nicht. Indizien und Merkmale gibt es trotzdem und immerhin hat man sich nun wissenschaftlich zumindest an dieses Thema herangewagt. Insgesamt sind sich Wissenschaftler aber uneinig. Manche meinen, hochsensible Menschen wären schlichtweg neurotisch, andere stehen dem Ganzen wiederum offen und neugierig gegenüber.

Auch wenn sich viele Wissenschaftler streiten, gibt es dennoch welche, die sich dieser Thematik zuwenden. Beispielsweise beschäftigte sich der russische Psychologe Ivan Petrovic Pawlow, der mit seinem Experiment des „Pawlows'schen Hundes“ maßgeblich zur Verbreitung der klassischen Konditionierung, einer behavioristischen Lerntheorie, beitrug, mit der Sensitivität des Menschen. Allerdings hinterließ er keine aufschlussreichen wissenschaftlichen Ergebnisse. Insgesamt wird aber angenommen, dass das Bewusstsein von überdurchschnittlich sensiblen Menschen einfach mehr Reize an das Gehirn weitergibt. Nüchtern betrachtet werden beim einen also mehr Reize verarbeitet, während beim anderen eher „ausgeblendet“ wird.

Sei es, wie es sei. Unbestritten ist jedoch, dass es sich bei der Hochsensibilität mitnichten um ein seltenes oder vereinzeltes Phänomen handelt. Wie bereits erwähnt, wird geschätzt, dass 15 bis 20 Prozent der Menschen davon betroffen sind. Das wären also weit über eine Milliarde Menschen, welche sich mit den Merkmalen und Symptomen konfrontiert sehen. Generell schreibe ich dem Thema rund um die Hochsensibilität äußerste Wichtigkeit zu, auch wenn genaue Definitionen noch fehlen und aktuell kein wissenschaftlicher Konsens vorherrscht. Sie heutzutage zu leugnen, finde ich albern, sich dagegen krampfhaft zu wehren, kleingeistig. Meines Erachtens sollten wir uns diesem Thema zuversichtlich und mit freudiger Neugier zuwenden, da wir im Endeffekt alle davon profitieren. Je besser wir uns nämlich selbst verstehen, desto mehr können wir uns gegenseitig unterstützen. Wir können eher selbstlos handeln, wenn wir unsere eigenen Bedürfnisse verstehen, wir uns also selbst besser kennen. Der ständige Drang nach Kompensation jeglicher Art verringert sich mit dem Wachstum der Selbsterkenntnis.

Derjenige, der weiß, wer er ist, möchte niemand anderer sein. Nun geht es in diesem Buch nicht primär darum, wer du bist, sondern vielmehr darum, wie du bist. Mit einem Mix aus bekannten Fakten und meinen persönlichen Gedanken möchte ich Perspektiven aufzeigen, welche dir dabei helfen können, dich und deine Mitmenschen besser zu verstehen. Gerade im Bereich der Wissenschaft scheint ein Defizit an Sensibilität nicht unüblich zu sein. Das ist auch der Grund, weshalb ich in diesem Fall so darauf poche. Denn gerade diejenigen, die fast ausschließlich rational denken und handeln, können mit Erfahrungsberichten von hochsensiblen Menschen meistens nicht viel anfangen. Falls du also jemand sein solltest, der harte Fakten braucht, weil er aus Erfahrungsberichten nichts Wertvolles mitnehmen kann, bitte ich dich um einen kleinen Sprung über deinen eigenen Schatten.

Zwar ist wissenschaftlich noch nicht alles geklärt, was die Hochsensibilität betrifft, aber das spricht grundsätzlich nicht gegen ihr Dasein. Keineswegs sollst du gegen wissenschaftliche Erkenntnisse immun sein, dich vehement dagegen aussprechen. Auch das wäre nicht dienlich. Eine derartige Grundeinstellung habe ich wiederum häufiger bei hochsensiblen Menschen beobachtet. Wie so oft, ist es auch hier die gesunde Mitte, die uns am ehesten das zeigt, was der sogenannten Wahrheit tatsächlich entspricht. Sei also gerne kritisch, aber versuche trotzdem, dich ein Stück weit zu öffnen. Sei neugierig und bereit dafür, die Türe zu öffnen, wenn etwas Neues bei dir anklopft. Wir haben der Wissenschaft sehr viel zu verdanken, keine Frage. Aber bevor etwas wissenschaftlich bewiesen wurde, handelte es sich auch „nur“ um eine Idee, eine Vermutung, eine Theorie. Die genannten 15 bis 20 Prozent der betroffenen Menschen sind nach aktuellem Stand der Wissenschaft also nicht zweifelsfrei „bewiesen“.

Aber stell dir selbst mal folgende Fragen: Sollten wir dem Phänomen der Hochsensibilität und den unzähligen Schilderungen darüber generell mehr Beachtung schenken? Oder denkst du, dass es sich hierbei schlichtweg um reinen Zufall handelt? Benötigst du wissenschaftliche Beweise und Ergebnisse durch mathematische Formeln, um die Hochsensibilität als solche akzeptieren zu können? Zugegeben, das sind rhetorische Fragen. Wahrscheinlich fiel dir das rasch auf. Lass sie mich abschließend dennoch selbst und mit einem angeblichen Zitat von Albert Einstein beantworten:

„Das, wobei unsere Berechnungen versagen, nennen wir Zufall.“

Typische Merkmale mit Vor- & Nachteilen

Wie lässt sich Hochsensibilität nun erkennen? Welche Symptome und typischen Merkmale bringt sie mit sich? Ich liste dir nun ein paar davon auf, welche ich immer wieder beobachte. Merkmale, die meiner Ansicht nach nicht dem Zufallsprinzip, sondern einer bedeutenden Minderheit beziehungsweise dessen wundervollen Fähigkeit der feinfühligen Wahrnehmung zuzuschreiben sind.

Vielleicht erkennst du dich darin wieder. Natürlich können diese Merkmale auf jeden Menschen zutreffen. Bei hochsensiblen sind diese jedoch überdurchschnittlich oft zu erkennen und stärker ausgeprägt. Zumindest können die folgenden Merkmale als mögliche Anzeichen für Hochsensibilität verstanden werden.

Zwar erwartet dich in diesem Buch noch ein eigenes Kapitel, welches sich den wesentlichen Tipps zum gekonnten Umgang zuwendet, allerdings erfährst du bereits hier einige. Vorweg ein kleiner Tipp am Rande: Nimm gerne Stift und Papier zur Hand, um dir Notizen zu machen.

Reizüberflutung

Ein deutliches Merkmal ist das Unwohlsein, welches auftritt, wenn viele Dinge gleichzeitig passieren. Es wird oft von Reizüberflutung gesprochen, die zur Erschöpfung führt. Durch die Überforderung aller Sinne macht sich dann zusätzlich ein Gefühl von Orientierungslosigkeit oder gar Kontrollverlust breit. Die normale Verarbeitung von Informationen gestaltet sich schwierig, wenn diese unentwegt auf einen Hochsensiblen einprasseln. Dies können beispielsweise die unterschiedlichen Schwingungen der Fahrgäste in einer Bahn sein, gepaart mit den lauten Durchsagen, die durch die Lautsprecher dröhnen.

Dasselbe gilt in Kaufhäusern, in denen der Kunde von allen Seiten mit Angeboten, Marken, Farben, Lichtern und Musik konfrontiert wird. Auch Festivals mit großen Menschenansammlungen können als unangenehm empfunden werden. Die laute Kulisse einer Baustelle, das Schallen des Mixers in der Küche oder beispielsweise der Sound in einem Kinosaal können ebenfalls als störend wahrgenommen werden. Es wird dich wenig überraschen, dass der Hochsensible vom stetigen Bedürfnis nach Ruhe begleitet wird. Als typischer Zufluchtsort gilt der stille Wald. Fernab vom Autoverkehr und frei von etwaigen Stressfaktoren, wird der Wald oder die Natur an sich zum persönlichen Kraftort, an dem man sein Energielevel wieder anhebt, um gestärkt in den Alltag zurückzukehren.

Ganzheitliche Aufmerksamkeit

Ein hochsensibler Mensch kann definitiv ein hervorragender Zuhörer sein. Er ist zumeist in der Lage, zuzuhören und seine eigene Meinung zurückzuhalten, wenn dies angebracht scheint. In der Regel ist er nicht der typische „Besserwisser", der mehr Antworten parat hat, als Fragen gestellt wurden. Ratschläge erteilt er eher intuitiv oder dann, wenn er darum gebeten wird. Generell trifft man in diesen Zeiten nicht allzu oft jemanden, der einem seine ungeteilte Aufmerksamkeit widmet.

Heutzutage „hat kaum einer Zeit“ und sowieso ist jeder mit seinem „Kampf ums Überleben“ dauerbeschäftigt. Es scheint so, als ob echtes Zuhören schlichtweg verlernt wurde. Mit dem Gegenüber mitfühlen zu können, ihn aussprechen zu lassen, die Stimmung und die Schwingungen eines Raumes rasch zu erfassen, beschreibt aber trotz hektischer Zeiten ein typisches Merkmal eines Hochsensiblen. Aufgrund seiner meist stark ausgeprägten Empathie hört er nicht nur oberflächlich zu, sondern versetzt sich automatisch in die Gefühlslage seines Gesprächspartners. Dieses Talent möchte er oftmals für seine Mitmenschen nutzen, indem er sich beispielsweise der persönlichen Beratung jeglicher Art widmet. In solchen Gesprächen hat der Klient oft das Gefühl, gelesen, ganzheitlich verstanden und im positiven Sinne durchschaut zu werden. Hier ist es für den Hochsensiblen wiederum wichtig, sich im richtigen Moment abzugrenzen. Mit genau dieser Abgrenzung haben viele hochsensiblen Menschen allerdings so ihre Probleme. Es kommt vor, dass sie das Erzählte zu sehr an sich heranlassen, sodass sie es emotional selbst durchleben.

Das Gefühle von Trauer, Angst, Leere, Nervosität, oder Wut, welche das Gegenüber in einem Gespräch transportiert, kann im Falle der Nichtabgrenzung internalisiert werden und noch Tage oder sogar Monate später wieder hochkommen. Schwierig gestaltet sich dies vor allem dann, wenn diese Gefühle nicht richtig zugeordnet werden können und eventuell falsch ausgelegt werden. Daher ist das gesunde Abgrenzen essenziell, um fremde Gefühlszustände von den eigenen unterscheiden zu können.

Medikamente

Die Einnahme von Medikamenten kann Schwierigkeiten bereiten, weil die Nebenwirkungen bei hochsensiblen Menschen häufig besonders stark zutage treten. Das kann natürlich dazu führen, dass ein Medikament abgesetzt oder andere Medikamente ausprobiert werden müssen. Außerdem ist die üblich empfohlene Dosis nicht selten zu hoch für einen hochsensiblen Menschen. Der Körper reagiert in der Regel sehr stark auf Substanzen, die von außen zugeführt werden.

Das zeigt sich übrigens auch bei koffeinhaltigen Getränken wie Kaffee, grünem oder schwarzem Tee und so weiter. Bemerkbar macht sich das im Herz-Kreislauf-System. Betroffene berichten von zitternden Händen, rasendem Puls, Schweißausbrüchen und/oder intensiver Unruhe. Auch können Ängste verstärkt werden. Was für den einen eine gewöhnliche Tasse Kaffee ist, kann von einem Hochsensiblen als ein mehr oder weniger wilder Ritt erlebt werden.

Schmerzempfinden

Die folgende Aussage ist den meisten hochsensiblen Menschen bekannt: „Du bist ja wehleidig, hör doch auf zu jammern!" Die relativ niedrige Schmerztoleranz ist für einen Nichtbetroffenen nicht immer nachvollziehbar. So kann es zu dem Eindruck kommen, dass der Hochsensible im negativen Sinne „überempfindlich" sei. Meines Erachtens spielen bei der Empfindung von Schmerz nicht nur die körperlichen Vorgänge eine Rolle, sondern auch die Bewusstheit des Einzelnen. Je eher wir bewusst und achtsam im Hier und Jetzt sind, desto mehr nehmen wir überhaupt erst wahr – so also auch den Schmerz.

Menschen, die sich kaum auf eine Sache konzentrieren können, weil sie ständig grübeln, sind ein Stück weit abgehärtet, da sie geistig abgeschottet sind, wenn man so möchte. Hochsensible Menschen haben also eher eine niedrige Schmerzgrenze. Sie spüren sich generell sehr intensiv und haben üblicherweise ein recht gutes Körpergefühl. Bei einer Blutabnahme oder beispielsweise bei einer kleinen Schnittverletzung sind hochsensible Menschen oft empfindlicher als andere.

Bescheidenheit als getarnte Selbstsabotage

Hochsensible Menschen neigen dazu, die Bedürfnisse anderer über ihre eigenen zu stellen und verkümmern, ohne dies zu bemerken. Das alles geschieht unter dem Deckmantel der Bescheidenheit. In Wahrheit handelt es sich häufig um Selbstsabotage, welche aus der Angst vor der eigenen Entfaltung resultiert. In einer Gesellschaft, die Hochsensibilität kritisiert und deskreditiert, ist es nicht immer leicht, zu ihr und somit zur eigenen potenziellen Kraft zu stehen.

Sonach konzentrieren sich hochsensible Menschen lieber nicht auf ihre Gabe, sondern lenken sich selbst davon ab, indem sie sich ständig um das Wohlsein anderer kümmern. Sie geben oft mehr, als sie haben, und haben dadurch weniger als sie bräuchten, um von ihrer schöpferischen Kraft Gebrauch machen zu können. Ihr eigentliches Potenzial leidet enorm darunter, da es somit unterdrückt wird. Dies zu erkennen und folglich zu akzeptieren, ist für einen hochsensiblen Menschen nicht leicht, da er oftmals einen Akt der Selbstliebe mit der ungesunden Selbsterhöhung gleichsetzt. Er denkt, es wäre falsch, auf sich selbst zu achten, da er dies mit dem egoistischen Verhalten der aktuellen Ellenbogengesellschaft gleichsetzt.

Die defizitäre Selbstliebe und das damit einhergehende Durcheinander werden mit Aussagen wie: „Ich bin eben ein Überlebenskämpfer!“ retuschiert. Diese Grundhaltung kommt wiederum skrupellosen Menschen zugute, die andere schamlos für ihre Interessen ausnutzen. Ein hochsensibler Mensch, der sich seiner selbst wirklich bewusst ist, bietet dafür keine Fläche. Einer, der hingegen noch weit davon entfernt ist und immer noch jedem den „Mitleidsknopf“ anbietet, ist in gewisser Weise ein gefundenes Fressen für Leute mit unguten Absichten. Dabei wäre es so wichtig für diese Welt, dass gerade die hochsensiblen Menschen mehr auf sich selbst achten, damit sie in ihre Kraft kommen und folglich viel mehr verändern und voranbringen können, als wenn sie es nicht schaffen. Unser Planet braucht nicht nur Symptomkrieger. Ganzheitliche Heilung sprießt immer aus der Wurzel der eigentlichen

Ursache. Es braucht somit kraftvolle und selbstbewusste Menschen mit viel Energie und Mut zur Veränderung. Bitte verwechsle das nicht mit Egozentrik oder ungesundem Egoismus.

Geringes Selbstwertgefühl

Hochsensible Menschen stechen aus der Masse heraus, ob sie wollen oder nicht. Ihre wahre Natur, welche früher oder später zum Vorschein kommt, scheint nicht ins Bild der Allgemeinheit zu passen und so fallen sie schon früh aus der Reihe. Eine Mischung aus *„ausgegrenzt werden"* und *„sich selbst ausgrenzen"* führt zu dem Gedanken, dass man es selbst nicht wert wäre, „dazuzugehören". Ein geringes Selbstwertgefühl ist unter den geschätzten 15 bis 20 Prozent weitverbreitet. Somit greifen hochsensible Menschen beispielsweise oft zu Ratgebern, um das eigene Selbstwertgefühl zu stärken. Schafft es der Hochsensible, sein Selbstwertgefühl durch Selbsterkenntnis zu stärken, ist er, wie bereits erwähnt, imstande, bedeutende Veränderungen im eigenen Leben und folglich in der großen weiten Welt anzustoßen. Sobald er weiß, wie stark sein eigentliches Grundwesen an sich schon ist, kann er Großes bewirken.

Angst vor der Wahrheit haben, aber gegen die Lüge sein.

Wenn ein Hochsensibler gefragt wird, was er absolut nicht leiden kann, wird er ziemlich wahrscheinlich Lügner erwähnen. Jemand, der mehr wahrnimmt als der Durchschnitt, sehnt sich nach Klarheit und Wahrheit, um Halt und Stabilität zu verspüren. Lieber eine unangenehme Wahrheit als eine angenehme Lüge, so heißt es. Lieber ein Ende ohne Schrecken als ein Schrecken ohne Ende. Doch bei näherer Betrachtung fiel mir auf, dass diese Einstellung zwar als eigene Überzeugung empfunden, jedoch nicht immer wirklich gelebt wird.

Ein hochsensibler Mensch vermeidet es in der Regel, seine Mitmenschen zu belügen. Er ist aufrichtig, aber geht es um ihn selbst, stellt sich das Ganze anders dar. So werden beispielsweise bei politischen Themen harte Fakten ignoriert, weil sie unangenehm sind. Es wird zu viel mit dem emotionalen Ohr gehört. Das emotionale Empfinden wird selbst dann in den Vordergrund gestellt, wenn die Verbesserung der herrschenden Missstände einen ehrlichen Blick auf unverfälschte Fakten erfordert. Hochsensible nehmen daher oft mehr wahr als der Durchschnitt, verlaufen sich aber im sogenannten Schwarz-Weiß-Denken. Das tun sie, wenn sie noch nicht gelernt haben, auch ihre linke Gehirnhälfte zu trainieren und sinnvoll zu nutzen. Auf diese Idee kommen sie wiederum nicht, wenn sie gar nicht wissen, dass sie hochsensibel sind und eventuell keine gesunde Balance vorherrscht, was das Miteinbeziehen beider Gehirnhälften angeht. Sollten dich diese Worte gerade emotionalisieren, dich in gewisser Weise aufwühlen, kannst du dies als mögliches Anzeichen dafür deuten, dass deine rechte Gehirnhälfte dominiert, während deine linke Gehirnhälfte womöglich mehr Training beziehungsweise Nutzung gebrauchen könnte. Die meisten von uns haben den innigsten Wunsch, die Welt im positiven Sinne zu verändern.

Wir möchten unser Dasein mit Sinnhaftigkeit leben und streben danach, dass jeder ein friedvolles Leben führen kann. Doch um wirkliche Veränderung zu bewirken, müssen wir lernen, unsere Emotionen im gesunden Rahmen kontrollieren zu können. Das Motto darf oder sollte nicht lauten: „Lieber Fakten meiden und weiterhin leiden“, sondern eher „Ich sehe mir auch die harte Wahrheit an, damit ich viel verändern kann.“ Gerade als hochsensibler Mensch sollte man nicht damit aufhören, sich und seine Überzeugungen regelmäßig zu hinterfragen. Eine Überzeugung von gestern ist morgen möglicherweise nicht mehr mit dem aktuellen Zeitgeist kompatibel. Gegebenheiten verändern sich, Fakten verändern sich, du veränderst dich.

Du darfst und sollst dich verändern. Das Einzige, das stetig bleibt, ist nun mal die Veränderung. Du bist Veränderung! Sei ehrlich zu dir selbst, lege die Angst vor der Wahrheit wieder ab, spüre tief in dich hinein und hinterfrage dogmatische Überzeugungen einmal mehr, um sie gegebenenfalls über Bord zu werfen. Du hast das Recht dazu und du bist mit Sicherheit kein „schlechter Mensch", wenn du dich für die Wahrheit interessierst, sie an- und aussprichst. In den meisten Fällen möchten dich genau diejenigen an den Pranger stellen, die selbst noch nicht den Mut zur Wahrheit aufbringen können. Hier gilt es jedoch, entgegen deinem starken Bedürfnis nach Harmonie, das auszusprechen, was ausgesprochen werden muss, damit sich eventuelle Ungerechtigkeiten auflösen können. Die Wahrheit tut nur weh, wenn wir uns gegen sie wehren. Du darfst den Finger in die Wunde legen und somit den friedvollen Fortschritt ankurbeln, anstatt nur so zu tun als ob und dich mit Selbstbetrug quälen.

Harmoniebedürfnis

Weil es hochsensible Menschen häufig jedem recht machen wollen, könnte es so erscheinen, als verträten sie keine eigene Meinung. Dabei wägen sie nur sorgfältig ab, ehe sie das Wort ergreifen. Wichtig ist nur, dass sie es ergreifen. Wie bereits erwähnt, tragen wir eher zum Allgemeinwohl bei, wenn wir aktiv handeln, wenn wir also auch aussprechen, was wir denken. Natürlich sind das richtige Timing und Fingerspitzengefühl von Vorteil. Ein Irrglaube ist es, zu denken, dass Harmonie einkehrt, wenn wir ewig schweigen und jede noch so unangenehme Situation über uns ergehen lassen. Bei einem Hochsensiblen kann ein relativ harmloses Wortgefecht schon für innere Disharmonie sorgen. Selbst, wenn er nicht direkt darin verwickelt ist, sondern nur als unmittelbarer Beobachter Zeuge davon wird.

Hochsensible Menschen verharren viel zu oft in Situationen, die sie eigentlich verlassen sollten, da diese ihnen nicht guttun. Der enormen Harmoniebedürftigkeit wegen hegen sie weiterhin Kontakt zu Menschen, die ihnen eigentlich nur noch Energie rauben. Sie lassen sich nicht selten schlecht behandeln, wehren sich im Vergleich zum durchschnittlichen Menschen kaum und wenn doch, dann meistens ziemlich spät. Sie schrauben ihre eigenen Bedürfnisse runter und helfen lieber den anderen Menschen bei der Befriedigung ihrer Bedürfnisse, in der Hoffnung, dass diese zufrieden sind und die gewünschte Harmonie wieder einkehrt oder eben aufrechtbleibt. Es fällt ihnen gewöhnlich schwer, zeitgemäße Entscheidungen aktiv zu treffen. Jede neue Entscheidung birgt das Risiko der Unruhe. Und da ein hochsensibler Mensch mit so feinen Antennen ausgestattet ist, wird dies solange wie möglich gemieden. Klarerweise ist hier, genauso wie im ganzen Buch, zu sagen, dass nicht komplett pauschalisiert werden kann. Es geht hier lediglich darum, typische Tendenzen aufzuzeigen. Vielleicht bist du selbst jemand, der entschlossen ist und Entscheidungen mutig und schnell trifft. Vielleicht beschreibt dich das eben erwähnte Merkmal aber auch ziemlich genau. Im letzten Fall lass dir Folgendes gesagt sein: Es ruckelt immer, wenn das Leben in den nächsten Gang schaltet. Hab also Vertrauen in dich selbst, sei mutig, entschlossen, risikobereit und genieße die Fahrt. Immerhin ist es die Fahrt deines eigenen Lebens. Im Zustand des Urvertrauens kannst du dich deinem Leben gewissermaßen hingeben und im sogenannten Fluss oder Flow sein. So lässt sich Harmonie auch mitten im Chaos (emp)finden.

Gutgläubigkeit und Helferleinsyndrom

Aufgrund ihrer Sensibilität gehen Hochsensible davon aus, ähnlich sensibel und behutsam behandelt zu werden, wie sie selbst andere behandeln. Viele Hochsensible können sich schwer vorstellen, dass sie jemand hintergehen oder ausnützen würde. Sie rechnen nicht damit, weil sie von sich auf andere schließen. Grundlegend ist es natürlich löblich, wenn wir andere so behandeln, wie wir selbst gerne behandelt werden möchten. Wir bekommen, was wir geben. Das Gesetz der Resonanz hat seine Wirkung, klar. Aber wer keine klaren Grenzen für sich zieht, erkennt womöglich nicht, dass er benutzt, betrogen oder hintergangen wird.

„Bis hierhin und nicht weiter“ sollte jeder für sich selbst definieren. Eine gedankliche Grenze zu ziehen, ist in jedem Fall hilfreich, um sich vor Ausbeutung zu schützen. Das sogenannte Helferleinsyndrom ist der typische Wegbegleiter eines gutgläubigen Hochsensiblen. So stellen sie unter anderem das ideale Opfer für Betrüger da. Zwischenmenschliche Beziehungen betreffend, passen sie meistens genau in das Beuteschema gefühlskalter Narzissten oder Soziopathen. Sie reden sich selbst ein, dass es nur ihre Liebe bräuchte, um den „Täter“ wieder auf „die richtige Bahn“ zu geleiten. Ihre grenzenlose Gutgläubigkeit macht sie insgesamt unterwürfig, die eigenen Ziele werden dabei so lange bei Seite geschoben, bis sie vergessen haben, dass sie welche haben. Somit sinkt das Selbstwertgefühl einmal mehr. Die Aufmerksamkeit wird fälschlicherweise nach außen gerichtet, weil nun geglaubt und behauptet wird, dass ihre „eigenen Ziele“ ausschließlich darin bestehen, anderen zu helfen. Auch dies ist im Grunde wieder kein schlechter Ansatz. Es wird lediglich dann problematisch, wenn man sich nicht mehr ausreichend um das eigene Wohlergehen kümmert.

Wenn man also verkümmert und sich auch von anderen nicht mehr helfen lässt. Das klassische Beispiel ist die ehrenamtliche Arbeit. Klarerweise ist es schön und gut, sich für etwas einzusetzen, ohne etwas dafür zu verlangen. Aber viele Hochsensible geben alles, was sie haben und das so lange, bis sie selbst nichts mehr haben. Viele können gerade mal ihre Wohnmiete bezahlen und verlangen dennoch keine Bezahlung für ihre wertvolle Arbeit. Gut gemeint ist jedoch nicht immer gut getan. Am meisten helfen wir, wenn wir tatsächlich imstande sind, am meisten zu helfen. Und am meisten können wir helfen, wenn wir uns erstmal selber helfen – wenn wir uns aufrappeln. Auch das ist eine Wahrheit, die es zu erkennen gilt.

Hochsensible Menschen kommen manchmal gerade wegen ihrer Gutgläubigkeit nicht so voran, wie sie es eigentlich könnten. Sie kommen erst gar nicht in ihre persönliche Kraft, weil sie diese ständig blind einsetzen, sie in alle möglichen Richtungen verschießen. Im sozialen Bereich solltest du dich also erst dann engagieren, wenn du dein Leben „im Griff hast“. In Wahrheit profitiert niemand von deiner Aufopferung. Nicht du und nicht der, dem du meinst zu helfen. Der Einzige, der davon profitieren könnte, ist der, der auf gutgläubige Menschen abzielt, um sie für seine Zwecke und Ziele zu gewinnen. Hochsensible fühlen sich demnach oftmals gesteuerten Bewegungen oder betrügerischen Organisationen zugehörig, welche von Leuten leben, die sich von ihren Emotionen (fehl)leiten lassen. Die ureigenen Interessen der Erfinder und Gründer werden kaum noch hinterfragt und somit auch nicht verstanden. Die vorgegebenen Ideale werden einfach übernommen, wenn sie so halbwegs gut verpackt sind. Dass sie möglicherweise instrumentalisiert und für andere Zwecke eingesetzt werden, als es die Organisation vorgibt, möchten gutgläubige Menschen gar nicht erst andenken. Immerhin können sie sich kaum vorstellen, hintergangen und ausgenützt zu werden. Das trifft natürlich nicht auf jeden Hochsensiblen zu. Je älter der Mensch, desto mehr Erfahrungen und Einsichten hat er. Es ist doch gerade die Hochsensibilität, die das Talent der essenziellen Unterscheidung von sinnvollen und unvorteilhaften Angeboten jeglicher Art birgt.

Eigentlich ist das sogenannte Helfersyndrom ein tiefes Anliegen deines Herzens, das jedoch falsch übersetzt oder interpretiert wird. Natürlich sollst du da helfen, wo du kannst, aber eben nur, wenn du wirklich kannst. Gib dich nicht für Leute her, die dich nur dann schätzen, wenn du ihnen gibst, was sie offen oder auf subtile Weise verlangen. Wenn du deiner Seele nämlich nicht wirklich zuhörst, beginnt dein Körper zu sprechen. Ich unterstelle dir einfach, dass du eigentlich gesund bleiben möchtest. Merke dir eines: Deine Gabe wird weltweit gebraucht! Das Verstehen komplexer Zusammenhänge und das Denken im größeren Maßstab stellt ein enormes Potenzial dar. Stell dir mal vor, was nur 1.000 aufgewachte Hochsensible bewegen könnten, wenn sie ihr Leben im Griff haben, sich zusammenfinden und gemeinsam an einem Strang ziehen. Ich glaube, die Welt wäre in Windeseile eine andere.

Ein scharfer Sinn für Gerechtigkeit

Hochsensible Menschen haben ein sehr stark ausgeprägtes Verlangen nach Gerechtigkeit und sind oft die Stimme für diejenigen, die selbst keine haben. Auf den Großteil von den Menschen, die beispielsweise keine Tiere essen, trifft die Hochsensibilität definitiv zu. Wenn ein Hochsensibler Ungerechtigkeit erkennt, kann er nicht anders, als konsequent zu handeln, um Gerechtigkeit gegebenenfalls herbeizuführen. Sie denken nicht viel darüber nach, wenn sie ihr Hab und Gut mit anderen teilen. Sie tun es einfach, weil es ihrer Natur entspricht. Sie streben nach einem friedvollen Miteinander und bleiben in der Regel bodenständig. Sie behandeln Menschen fair und stellen sich nicht aufdringlich ins Rampenlicht, sondern betrachten sich selbst als kleinen Teil des großen Ganzen. Durch ihren Gerechtigkeitssinn haben sie stets den Wunsch, die Welt und somit das Leben für alle zu verbessern.

Sie sind verantwortungsvoll im Umgang mit der Umwelt, da sie sich mit der Natur verbunden fühlen, und zeigen diesbezüglich Initiative. Sie wollen, dass es allen gut geht, da jeder das Recht auf ein glückliches Leben hat, so ihre Überzeugung. Während ein „normaler Mensch" eher weniger berührt wird, wenn er sieht, dass es anderen Lebewesen nicht gut geht, können beim Hochsensiblen schnell mal ein paar Tränen fließen. Der Durchschnitt ist mittlerweile sowohl geistig als auch emotional abgestumpft und hat somit eine sehr niedrig angesetzte Messlatte in Bezug auf Gerechtigkeit für alle Lebewesen. Der hochsensible Mensch hingegen ist nicht nur weniger abgestumpft, sondern zusätzlich kaum in der Lage, sich nicht in die jeweilige Lage des Leidenden hineinzuversetzen, wenn er damit konfrontiert wird. Er versteht das Leid und den Schmerz ganzheitlich und fühlt sich daraufhin berufen, sich deutlich mehr für Gerechtigkeit einzusetzen, als es der Durchschnitt tut.

Was andere über sie denken

Es gibt kaum jemanden, dem es nicht wichtig ist, was andere über ihn denken. Ich habe ein ganzes Buch darüber geschrieben, wie man es schafft, sich weniger Gedanken darüber zu machen, was andere über einen denken. Es trägt den Titel: *„Was andere über mich denken, darf mich nicht mehr lenken“*. Hochsensible Menschen liegen auch hier über dem Durchschnitt. Sie überinterpretieren Aussagen oft und beziehen diese auf sich selbst. Voreilig deuten sie Aussagen falsch, weil sie diese mit weit hergeholten gedanklichen Querverbindungen verschmelzen lassen. Sie haben meist Angst davor, etwas Falsches zu sagen oder etwas Unangebrachtes zu tun. Folglich geben sie sich Mühe, dass andere „gut“ über sie denken. Sie achten verstärkt darauf, was sie wo und wie sagen, um nicht anzuecken. Fragt man sie, ob es ihnen wichtig ist, was andere über sie denken, entgegnen sie einem jedoch wie die meisten „normalen“ Menschen auch, indem sie überzeugt verneinen. Ihr ausgeprägtes Harmoniebedürfnis deutet aber auf das Gegenteil hin und das ist auch in keiner Weise verwerflich.

Interesse an zahlreichen Themengebieten.

Hochsensible Menschen sind grundsätzlich aufgeschlossener als der Durchschnitt. Sie interessieren sich für viele Themengebiete, was oft dazu führt, dass sie sich nicht auf eine bestimmte Sache konzentrieren und sie folglich auch nicht zu Ende bringen können. Ihre Begeisterung kennt kaum Grenzen, sie haben sich ihr inneres Kind behalten und blicken ständig in alle Richtungen, um Neues zu erforschen. Die unkontrollierte Neugier sorgt aber oft dafür, dass sich der Hochsensible eben nicht auf eine einzige Sache fokussieren kann. Folglich fällt es ihm auch sehr schwer, sich für den richtigen Beruf zu entscheiden. Während viele aus dem Freundeskreis sich schon früh für ein bestimmtes Berufsfeld entschieden, verdient der Hochsensible über die Jahre sein Geld mit allen möglichen Jobs, quer durch die Bank.

Den passenden Beruf zu finden, stellt sich als schwierige Aufgabe dar, weil der Hochsensible bemerkt, dass er scheinbar „alles kann". Sein Enthusiasmus und seine Neugier sorgen dafür, dass er Neues schnell erlernen kann und das wiederum lässt ihn jedes Mal vermuten, dass er nun endlich den richtigen Beruf gefunden hätte. In' Wirklichkeit ist es jedoch nicht die Arbeit, die zu seiner Persönlichkeit passt. Eher wird der jeweilige Job durch seine lebendige Herangehensweise passend gemacht.

Eine weitreichende Fantasie und eine kreative Ader

Dieses Merkmal ist eines, das bei einem Hochsensiblen unschwer zu erkennen ist. Seine weitreichende Fantasie gibt sich bei einer Interaktion ziemlich schnell zu erkennen. Sie geht mit der Kreativität Hand in Hand und äußert sich in philosophischen Gesprächen, in denen ungewöhnliche Gedanken und Ideen gesponnen werden, aber beispielsweise auch in künstlerischen Tätigkeiten wie Malen, Zeichnen, dem Schreiben von Gedichten und Liedertexten. Unter die typischen Traumberufe hochsensibler Kinder fallen die des Tänzers, des Sängers, des Malers oder des Schauspielers.

Das kreative Auge für Details sorgt bereits in jungen Jahren für erstaunliche Genauigkeit. Da der Hochsensible „mehr sieht", ihm viel mehr auffällt, hat er einen relativ hohen Anspruch, wenn es um Details geht. In Filmen, Geschichten, Bildern, und Texten ist eine gewisse Tiefe, eine Genauigkeit vonnöten, um den Hochsensiblen zu beeindrucken. Plumpe Darstellungen jeglicher Art sind weniger dazu in der Lage, ihn zu „catchen", da er nicht nur am fertigen Kunstwerk an sich interessiert ist, sondern auch an der Entstehung, der Geschichte und dem Ursprungsgedanken dahinter. Ein Werk ohne Gefühl lässt den Hochsensiblen kühl. Auch hier sei klarerweise wieder erwähnt, dass nicht alle Hochsensiblen, geschweige denn Menschen, in einen Topf geworfen werden können. Aber das weißt du ja bereits.

Hang zur Philosophie

Philosophische Gespräche, der Austausch von tiefen Gedanken, das gemeinsame Kreieren von neuen Ideen – das ist es, was einem Hochsensiblen unter anderem wichtig ist und ihm Freude bereiten kann. Sogenannter „Deep-Talk“ wird als erfüllend empfunden. Wenig halten sie von ewigem Smalltalk. Von plumpem Gehabe bleiben sie unbeeindruckt. Sie möchten über Ideale und Werte sprechen und resonieren mit emotionaler Intelligenz. Sie machen sich viele Gedanken über den Sinn unseres Daseins und tauchen neugierig in die Welt der Spiritualität ein. Dort befassen sie sich dann ausgiebig mit ihren neuen Entdeckungen. Auch da möchte ich nicht unerwähnt lassen, dass manch hochsensibler Mensch ziemlich anfällig für esoterische Luftschlösser zu sein scheint. Es gilt also auch diesbezüglich wachsam und vorsichtig zu bleiben.

Zärtlicher Sex

Hochsensible erleben oftmals gerade auch beim Sex ein Gefühlsfeuerwerk. Sie spüren sich nicht nur selbst, sondern empfinden auch ganz stark das, was der Partner fühlt. Wenn die gesamte Atmosphäre stimmt, wird das Erlebnis zu einer wunderschönen, innigen, intimen Erfahrung. Die allgemeine Schwingung ist sehr wichtig, damit sich der Hochsensible öffnen, hingeben und völlige Intimität genießen kann.

Die Lautstärke der Musik, der Geräuschpegel der Umgebung, der Geruch des Raumes oder des Partners, die Wetterlage – alles Faktoren, die beim hochsensiblen Menschen enormen Einfluss auf die Gefühlslage haben können. Sex zu haben, bedeutet also nicht nur das stumpfe Befriedigen niedriger Triebe, sondern wird zum emotionalen Verschmelzen mit dem Partner. Es ist nicht der schnelle körperliche Orgasmus, der sie ganzheitlich befriedigt. Der Begriff *„Soul Sex“* bringt meines Erachtens ganz gut zum Ausdruck, was den Hochsensiblen auf mehreren Ebenen gleichzeitig befriedigen kann.

Das übermäßige Angebot an frei zugänglicher Pornografie im Internet impliziert, dass der Sex erst dann gut ist, wenn er gefühlskalt, fast schon mechanisch und immer nach dem gleichen Muster abläuft. Aber mit „*Roboter-Sex*“, wie ich ihn nenne, können Hochsensible in der Regel nicht wirklich viel anfangen, zumindest nicht immer. Das Eine muss das Andere nicht zwingend ausschließen, aber größtenteils haben sie einen starken Hang zur Romantik, sind einfühlsam, gehen auf den Partner ein und genießen es, ihn zu verwöhnen.

Introvertiert & schüchtern

Die ausgeprägten Eigenschaften der Schüchternheit und Zurückhaltung zeigen sich schon in der Kindheit. Der introvertierte Erwachsene war mit hoher Wahrscheinlichkeit auch ein introvertiertes Kind. Eines, das zuerst beobachtete, seine Position einschätzte und sich erst dann in die jeweilige Situation einbrachte. Im Erwachsenenalter ist das dann meist nicht anders. Zwar erlauben das die hohen Ansprüche der Leistungsgesellschaft kaum, und so werden diese persönlichen Eigenschaften gekonnt vertuscht, aber dennoch sieht es im Inneren eines Hochsensiblen anders aus. So benehmen sich Hochsensible oftmals offen und extrovertiert, obwohl dies eigentlich nicht ihrer wahren Natur entspricht.

Ein hochsensibler Mensch passt sein Verhalten den Maßstäben seines sozialen Umfelds unbewusst an, um nicht entlarvt und folglich ausgegrenzt zu werden. Klar, das liegt in der Natur der Menschen, aber bei einem Hochsensiblen geht diese Anpassung über die eigentliche Notwendigkeit hinaus, er übertreibt sie und ergreift quasi die hektische Flucht nach vorne. Das widersprüchliche Verhalten fällt den anderen kaum auf, birgt jedoch einen stillen Hilferuf nach Klarheit in Bezug auf die Ursache der eigenen Unruhe. Einerseits wird versucht, die eigene Introvertiertheit zu überspielen, und andererseits wird nach jemandem gesucht, der dieses künstliche Verhalten erkennt, davon unbeeindruckt bleibt und es folglich direkt anspricht, damit es endlich abgelegt werden kann.

Vielleicht kommt dir die Aussage „Bei dir kann ich endlich so sein, wie ich wirklich bin!“ bekannt vor. Auch dafür ist wieder ein hohes Maß an Vertrauen notwendig. Es wird dich wenig überraschen, dass der Aufdecker dieses Verhaltens höchstwahrscheinlich selbst hochsensibel ist. Oftmals einer, der über seine eigene Hochsensibilität bereits aufgeklärter ist und daher das Verhalten anderer treffender zuordnen und in einfache Worte fassen kann. Höchstwahrscheinlich auch einer, der den nebeligen Schleier der Introvertiertheit bereits gelüftet, und das enorme Potenzial dahinter erkannt hat. Die Stille der Introvertiertheit kann den Samen für Großes setzen.

Nicht umsonst heißt es, dass die Kraft in der Ruhe liegt. Wer innerlich ruht, lebt äußerlich gut. Wie innen so außen, heißt es ebenfalls. Mit anderen Worten: Das Ende der künstlichen Überspielung entfacht die Möglichkeit zur Nutzung der eigenen Schöpferkraft. Die Introvertiertheit muss hierfür als Stärke erkannt, verstanden und ein für alle Mal akzeptiert werden. Sobald das geschieht, tritt sukzessive ein selbstsicheres, stark mit dem eigenen Naturell verwurzeltes Auftreten zutage. Parallel dazu verblasst das gekonnte Vorgaukeln der eigenen Extrovertiertheit. Somit rückt ein Freiheitsgefühl näher, welches schon bald nicht mehr aufs Spiel gesetzt werden möchte. Natürlich gibt es auch extrovertierte Hochsensible, meiner Meinung nach, aber tendenziell weniger.

Vertrauen

Ein hochsensibler Mensch, der sich über seine Gabe noch nicht im Klaren ist, im Umgang mit ihr also auch noch keine alltägliche Routine entwickelt hat, begegnet kontaktfreudigen Menschen oft mit voreiliger Skepsis. Völlige Naivität ist klarerweise nicht ratsam, da es, wie bereits erwähnt, auch definitiv Leute mit unguten Absichten gibt. Aber ein übertriebenes Maß an Misstrauen kann auch hinderlich sein, wenn es um das Knüpfen von Kontakten und das Schließen von neuen Freundschaften geht. Prinzipiell trachtet der Hochsensible aufgrund seiner Feinfühligkeit nach sozialen

Interaktionen. In Wahrheit verbindet er sich gerne mit Menschen, auch wenn er dies nicht immer offensichtlich ausstrahlt. Er sucht nach Gleichgesinnten, die ihn nahezu wortlos verstehen.

Wird er tatsächlich fündig, vertraut er schnell. Folglich öffnet und zeigt er sich und legt seinen „Schutzpanzer“ ab. Danach werden innigste Gedanken und Bedürfnisse geteilt. Dies setzt für den Gegenpart aber die Bereitschaft zum Warten, also ein hohes Maß an Geduld voraus. Hochsensible vertrauen nicht sofort, wenn es um zwischenmenschliche Bindungen geht, aber wenn sie vertrauen, dann zumeist mit jeder Faser ihres Körpers, zumindest bei Gleichgesinnten. Bis dahin versteckt sich die Skepsis jedoch hinter dem Schutzschild der gespielten Extrovertiertheit. Ein vermeintliches Paradoxon, das es unbedingt zu verstehen und aufzulösen gilt.

Lange Trauerphasen

Gefühle müssen tiefer und länger verarbeitet werden als bei den meisten Menschen. Hochsensible brauchen viel Zeit, um Trennungen, Todesfälle, Arbeitsplatzverluste etc. erfolgreich zu verarbeiten. Im Fall eines menschlichen Verlusts dauert die Trauerphase manchmal jahrelang. Die geistige Wundheilung geht aufgrund der hohen Sensibilität relativ langsam vonstatten. Wunden brauchen länger, um zu heilen und Narben sind auch noch sehr spät zu erkennen.

Es empfiehlt sich auf jeden Fall, sich die nötige Zeit zu nehmen, anstatt zu versuchen, ausschließlich die Zeit arbeiten zu lassen. Zeit heilt keine Wunden – wir gewöhnen uns nur an den Schmerz. Sinnvoller und vor allem gesünder ist es, wenn Trauergefühle angenommen und bis zum Ende bewusst gefühlt werden.

Gefühle wollen gefühlt werden und wir tun unserem Seelenheil einen großen Gefallen, wenn wir es schaffen, dies zuzulassen. Je früher wir Gefühle fühlen, desto eher können wir neue

Gefühle fühlen. Wer also Trauergefühle zu lange blockiert, verpasst vielleicht schon die ganze Zeit die Freude, welche längst vor der Tür steht und darauf wartet, hineingelassen zu werden. Das bedeutet also auch, dass Gefühle unbedingt gefühlt werden sollten, damit man sich vom jeweiligen Gefühlszustand friedvoll und früh genug lösen kann.

Vom Chaos zur Ruhe, zur Kraft

Die Hochsensibilität ist, meiner Meinung nach, eine Besonderheit, ein wertvolles Gut, welches wir im höchsten Maße schätzen sollten. Ich bitte dich daher, die „negativen Merkmale" nicht zu stark zu gewichten. Es soll in keiner Weise der Eindruck entstehen, dass die Hochsensibilität etwas wäre, das es zu unterdrücken gilt. Trotzdem ist es wichtig, sie von mehreren Seiten zu beleuchten, und genau das habe ich mit dem vorherigen Kapitel versucht. Wir müssen uns auch den unangenehmen Schattenseiten zuwenden, um Licht ins Dunkle bringen zu können.

Hierfür kann es helfen, sich seiner Merkmale einmal erst so richtig bewusst zu werden, um das Ganze mehr greifen, und wertvolle Ressourcen, welche bislang vielleicht unentdeckt blieben, nutzen zu können. In Wahrheit liegt die Kunst darin, die eigene Hochsensibilität und samt den einhergehenden „Nachteilen" aufzuspüren, um dadurch in der Lage zu sein, innere Ordnung herzustellen. Danach kann man sie passend integrieren, sodass sich der Alltag möglichst stressfrei und gesund gestaltet. Wie kann ich aus einem vermeintlichen Nachteil also einen Vorteil, meinen Vorteil machen? Im Wesentlichen gehen wir dieser Frage nach. In gewisser Weise möchte ich dir mit diesem Buch den Schlüssel zu deiner Innerlichkeit mitgeben. Wir analysieren, beobachten und transformieren die Eigenschaften unserer Persönlichkeit gezielt. So ist beispielsweise die Introvertiertheit nur so lange ein Nachteil, bis man sich genügend mit ihr auseinandergesetzt hat. Geschieht dies nicht früh genug, neigt man im Laufe seines Lebens möglicherweise dazu, sich komplett zu isolieren.

Der soziale Rückzug geschieht oft schleichend und bleibt deshalb möglicherweise unbemerkt. Früher oder später hat man sich dermaßen abgeschottet, dass der Kontakt zur Außenwelt gänzlich gemieden wird, weil sie einen zu stark beansprucht und fordert, da man nicht gelernt hat, sich „da draußen" zurecht zu finden. Der Rückzug scheint Ruhe und Frieden zu versprechen und im gewissen Maße bietet er das natürlich auch, aber wer nur in die Stille flüchtet, um seine Ängste zu überdecken, läuft Gefahr, da nicht mehr so schnell wieder rauszukommen. Der Weg des scheinbar geringsten Widerstands entpuppt sich früher oder später als Irrweg, den es schnellstmöglich zu verlassen gilt.

Die Introvertiertheit kann sich also sowohl vorteilig als auch nachteilig auswirken. Es ist der jeweilige Umgang mit den Gegebenheiten, der unseren Alltag letzten Endes zu einem Gemälde macht. Wie dieses aussieht, können wir maßgeblich mitentscheiden. Wir müssen es wagen, die vorhandenen Farben bewusst aufzutragen. Ja, eine gewisse, für jeden individuell bestimmte, Abgrenzung ist wichtig, aber je mehr du dich ins Abseits begibst, desto schwieriger kann dein Comeback werden. Ein weiterer, und damit eng verbundener Nachteil, ist das unaufhörliche Grübeln. Hochsensible Menschen machen sich nicht nur Gedanken über Gott und die Welt – sie machen sich Gedanken über ihre Gedanken. Das sogenannte „Overthinking" ist der mitunter treueste Wegbegleiter eines hochsensiblen Menschen. Auch er ist wieder Segen und Fluch zugleich. Grundsätzlich braucht es Gedankenkraft, um Ideen zu schmieden und umzusetzen. Vermutlich gibt es nichts auf dieser Welt, das nicht zuvor bereits von irgendjemandem gedacht wurde. Wir bekommen, was wir geben. Mit dieser Erkenntnis können wir unsere Realität erschaffen, keine Frage. Aber das ununterbrochene und völlig übertriebene Grübeln führt letztendlich meist zu keinem sinnhaften Ergebnis. Häufig denken hochsensible Menschen an 1.000 Ideen gleichzeitig, setzen am Ende des Tages aber keine einzige davon in die Tat um. Ihr Gedankenchaos lässt es kaum zu, einen Gedanken zu Ende zu denken. Sonach werden oftmals mehrere Ziele gleichzeitig verfolgt, dadurch aber keines davon wirklich erreicht. Anstatt sich gezielt auf eine einzige Sache zu konzentrieren, werden Gedanken wild in alle möglichen Richtungen verschossen. Die Kreativität kommt somit nicht gänzlich, sondern stets nur teilweise zum Ausdruck. Ein hochsensibler Mensch bekommt oft den Rat, sich auf eine Sache zu spezialisieren, damit er etwas Größeres erschaffen oder erreichen kann. Die engsten Vertrauten weisen auf den nötigen Fokus hin, sofern sie das enorme Potenzial dahinter erkannt haben. Aber der Betroffene macht sich dann wieder zu viele Gedanken darüber, welcher Weg denn nun “der richtige“ wäre.

Anstatt verschiedenste Dinge nacheinander in Angriff zu nehmen, um dies wirklich herauszufinden, fragt er sich dies bloß theoretisch. Zu einer Antwort kommt es selten, da 1.000 neue Fragen dazwischenfunken, während er wieder irgendeiner Sache nachgeht, die er nicht zu Ende bringt. Der Schlüssel zur Transformation dieses vermeintlichen Nachteils liegt auch hier wieder in der Geduld. Diese ist nötig, um Ordnung herzustellen. Das Geheimnis der potenziellen Entfaltung der Hochsensibilität, liegt in gewisser Weise auch in der gedanklichen Struktur des Begabten. Eine gesunde psychische Verfassung ist als Fundament also elementar.

Wenn es nämlich gelingt, sorgfältig einen Gedanken nach dem anderen abzuarbeiten, die Energie sozusagen zu kanalisieren und auf ein bestimmtes Ziel auszurichten, wird dieses blitzschnell und mit Leichtigkeit erreicht. Die Herausforderung liegt demnach darin, das Chaos zu erkennen, es in Ruhe zu sortieren und folglich enorme Kraft daraus zu schöpfen. Ein Hochsensibler, der diese Transformation bewusst durchgemacht hat, erhält vollen Zugriff auf sein Potenzial. Dadurch ist er dann zu mehr imstande, als er sich früher in seinen kühnsten Träumen hätte vorstellen können. Derjenige, der sich seiner Hochsensibilität bewusst ist und diese vollkommen akzeptiert hat, ist in seinem Innenleben reich. Die volle Annahme und die friedvolle Integration dieser Gabe sorgen für ein hohes Maß an Lebendigkeit – innen wie außen.

Die verschiedenen Sinneswahrnehmungen

Die Hochsensibilität geht mit einer überdurchschnittlich gut ausgeprägten Sinneswahrnehmung einher. Sie ergibt sich also vor allem dann, wenn die körperlichen Sinne übermäßig ausgeprägt und diese stark mit den jeweiligen Gehirnarealen vernetzt sind. Das kann beispielsweise nur das Hören, oder nur das Sehen et cetera betreffen oder aber auch gleich mehrere Sinnesorgane gleichzeitig. Das ist von Mensch zu Mensch verschieden. Tatsächlich ist diese Gabe nichts Esoterisches oder gar etwas Außerweltliches.

Hochsensible Menschen, die mit ihrer Gabe total überfordert sind, weil ihnen niemand gezeigt hat, wie sie damit umgehen und wie sie diese gezielt einsetzen können, neigen oft dazu, sich in sichere Fantasiewelten zu flüchten. Sie sitzen quasi noch immer in der Achterbahn, sind maßlos überfordert und denken Sätze wie: „Ich bin anders als die meisten Menschen, die ich kenne, also muss ich von einem anderen Planeten sein.“ Mit derartigen Aussagen wird das „Problem“ so weit weggeschoben, wie nur möglich. Gedanklich wird versucht, es eben „aus der Welt“ zu schaffen, sich spielerisch in eine andere zu verfrachten. Für den Hochsensiblen fühlt sich das lange Zeit gut an, weil er sich dank solcher Gedankengänge nicht weiter mit sich und seinem vermeintlichen Problem befassen muss. Doch je älter der Betroffene wird, desto eher wird ihm klar, dass er sich schon viel früher hätte besinnen sollen. Mit den Jahren kommt die Einsicht darüber, dass man zu lange weggeschaut und sich selbst belogen hat, indem man Luftschlösser gebastelt und sich mental darin versteckt hat. Die erlebte Bequemlichkeit ist jedoch gar keine, sie gibt nur vor, so zu sein. In Wirklichkeit ist das Verharren in der Fantasiewelt schmerzvoller, als man denkt, denn sie hält einen still und heimlich von der Sonnenseite des Lebens fern und lässt einen eben nur „überleben“, anstatt wirklich glücklich und selbstbestimmt zu leben. Dass es mehr zu entdecken gibt und dass hinter der physischen Welt Unvorstellbares existiert, steht meines Erachtens außer Frage. Aber wir müssen uns erden und uns dem, was hier und jetzt tatsächlich ist, widmen, damit wir in unsere volle Kraft kommen und folglich aus ihr schöpfen können. In Bezug auf die überdurchschnittlich stark ausgeprägten Wahrnehmungskanäle solltest du also offen sein, auch wenn du dich davon bedroht fühlst.

Hier geht es um grundlegende Aspekte, die dich dabei unterstützen, ein selbstbestimmtes Leben zu leben. Sie wirken auf den ersten Blick vielleicht langweilig, sind aber essenziell. Sie verzaubern dich zwar nicht und sie verführen dich auch nicht in ein weiteres Luftschloss, aber sie erweisen sich als wertvolle Bausteine für ein stabiles Lebens-Fundament. Du musst dir klarerweise keine Fachbegriffe merken. Es soll lediglich darum gehen, auch unscheinbare Aspekte unter die Lupe zu nehmen. Wir müssen auch das unspektakulärste Puzzlestück heranziehen, wenn wir das große Ganze holistisch sehen und verstehen möchten.

Denke daran, dir Notizen zu machen, um dich später wieder an gewisse Punkte zu erinnern. Generell lade ich dich dazu ein, dieses Buch immer wieder einmal aufzuschlagen, damit du den aktuellen Stand deiner persönlichen Transformation mit dem bereits Gelesenen abgleichen kannst. Die eigene

Weiterentwicklung sozusagen schwarz auf weiß bestätigt zu bekommen, kann für einen enormen Motivationsschub sorgen. Nun aber mit voller Freude zu den langweiligen Begriffen. Schauen wir uns die jeweiligen Sinne beziehungsweise die Sinneswahrnehmungen etwas genauer an. Als Wahrnehmung bezeichnet man generell den Prozess und gleichzeitig das Ergebnis der Informationsgewinnung und der Informationsverarbeitung. Grundsätzlich werden bei jedem Menschen Wahrnehmungspartikel bewusst oder unbewusst gefiltert und zu sinnvollen Gesamteindrücken zusammengefügt. Jene Gesamteindrücke nennt man auch Perzepte. Diese werden dann jeweils mit den bereits vorhandenen und gespeicherten Vorstellungen abgeglichen. Die visuelle Wahrnehmung entspricht dem „Gesichtssinn", sprich dem Sehen. Dieser Sinn dient dem Erkennen von visuellen Reizen, also zum Beispiel von Kontrasten, Farben, verschiedenen Helligkeitsstufen, aber auch von Gestalten und Formen. Während das Auge für diesen Sinn verantwortlich ist, übernimmt das Ohr die sogenannte auditive oder akustische Wahrnehmung. Der Gehörsinn lässt uns verschiedenste Geräusche wahrnehmen, ebenso niederfrequente Schall-Ereignisse.

Die vestibuläre Wahrnehmung beeinflusst unseren Gleichgewichtssinn und nimmt dadurch Lageveränderungen wahr, um das Gleichgewicht halten zu können, aber auch um Bewegungen zu kontrollieren. Hier sind sowohl die Augen als auch die Muskelsinne beteiligt. Das klassische Gleichgewichtsorgan ist das Innenohr. Weiterhin kennen und unterscheiden wir den Sinn der Sensibilität, sprich den Tastsinn, das Fühlen. Dieser verkörpert die Vereinigung von taktiler Wahrnehmung und von Tiefensensibilität. Damit können körperliche Gefühle (Berührungen, Härte, Hitze) und somit auch die haptische Wahrnehmung stattfinden. Dafür sind unter anderem die folgenden Untersysteme verantwortlich:

Die Tiefensensibilität lässt uns erfahren, wie es um unsere Körperglieder und um deren Struktur bestellt ist. Dafür ist aber kein einzelnes Organ, sondern gleich eine Kombination von

Gliedern in Muskeln, Sehnen und Gelenken verantwortlich. Dies bezeichnet man als Muskelsinn. Die Wahrnehmung der eigenen Organe wird im Übrigen propriozeptive Wahrnehmung genannt. Die taktile Wahrnehmung hilft uns dabei, Druck, Berührungen, Vibrationen und Temperaturen wahrnehmen zu können. Dafür ist die Haut verantwortlich. Die Haut mit ihren Tast-, Wärme- und Kälterezeptoren, die wiederum in weiteren Untersystemen zusammengefasst werden. Die trigeminale Wahrnehmung dient der taktilen Wahrnehmung im Gesicht, beispielsweise wenn wir den Wind spüren. Sie unterstützt gleichzeitig auch die olfaktorische und gustatorische Wahrnehmung. Hierfür ist der sogenannte Nervus trigeminus verantwortlich, dessen Nerven in der Gesichtshaut, in den Schleimhäuten der Nase und auch in den Schleimhäuten von Mundhöhle und Augen enden.

Die olfaktorische Wahrnehmung drückt sich im Riechen aus. Die Nase übernimmt die Aufgabe, wobei es genauer gesagt die Schleimhaut der Nase ist. Mit der Wahrnehmung von Duftstoffen ist das Gedächtnis stark vertraut, da in der Gedächtniswahrnehmung Gerüche stark emotional assoziiert werden.

Letztlich verlassen wir Menschen uns noch auf die gustatorische Wahrnehmung, also auf unseren Geschmackssinn, der die chemische Qualität von Nahrung filtert, bewertet, wahrnimmt. Dies findet durch und über die Geschmacksknospen der Zunge statt. Von den meisten Sinnen wirst du wahrscheinlich schon etwas gehört haben und doch sind mehr Organe an den Wahrnehmungsprozessen beteiligt, als man vermuten mag, richtig? So langweilig ist dieser Einblick also gar nicht. Er ist wichtig, denn so kann man sich leichter vorstellen, dass sich die Welt und das Leben der Menschen völlig unterschiedlich präsentieren, da verschiedene Sinnesorgane nun mal unterschiedlich ausgeprägt sind. Dies erklärt auch das subjektive Empfinden der eigenen Andersartigkeit. Logischerweise kommen wir also bei bestimmten Themen zu ganz unterschiedlichen Urteilen. Wir bewerten gewisse Umstände anders, da wir in unserer

Sinneswahrnehmung bereits unterschiedlich gestrickt sind.

Mit anderen Worten: Wir sehen die Welt nicht unbedingt so, wie sie ist, sondern vielmehr so, wie wir sind. Wir erleben sie unter anderem so, wie wir aufgrund der Ausprägung unserer jeweiligen Sinne fühlen. Das betrifft vermutlich jeden Menschen, aber ein Hochsensibler muss sich dies ganz besonders vor Augen halten – das ist wichtig. Der Moment, in dem diese scheinbar banale Gegebenheit verinnerlicht wird, ist jener Moment, in dem der Hochsensible das Ruder seiner Emotionen übernimmt, sofern er so weit ist und den nötigen Mut aufbringen kann. Von da an hat der Hochsensible verstanden, dass er ständig von außen gesteuert wird, solange er die Kontrolle über seine Emotionen den anderen überlässt.

Im besten Fall übernimmt er verantwortungsvoll das Steuer seines Lebens. Ab diesem Zeitpunkt kommt die Sonnenseite des Lebens zum Vorschein. Türen öffnen sich und neue Wege entstehen. Und wenn das Fundament erst einmal steht, wird die alte Bequemlichkeit durch ein ganzheitlich wohltuendes Lebensgefühl ersetzt, welches durch die verantwortungsvolle Annahme von scheinbar belanglosen Aspekten wächst. Insgesamt geht es also immer darum, sich seiner selbst bewusst zu werden. Verstehe dich und deine Andersartigkeit ganzheitlich. Befasse dich auch mit den kleinsten Puzzlestücken, um das große (Selbst)Bild komplett erfassen zu können.

Praktische Tipps für „Betroffene"

Allgemeines

Natürlich unterscheiden sich hochsensible Menschen trotz ihrer Hochsensibilität voneinander. Dasselbe gilt klarerweise genauso für Menschen, die nicht hochsensibel sind. Dennoch lassen sich meiner Meinung nach einige allgemeine Tipps formulieren und zusammenstellen, die Hochsensiblen definitiv helfen können. Du solltest dich diesen Tipps nicht blind verschreiben, sondern vorerst prüfen, ob sie dir persönlich liegen und zu deiner aktuellen Situation passen. Ist dies der Fall, wunderbar. Wenn ein Tipp gar nicht zu dir passt, versuche, ihn nicht zu bewerten oder ihn zwanghaft in deinen Alltag zu integrieren. Mir ist es ein inniges Anliegen, dir zu helfen. Ich bitte dich daher einmal mehr, dass du dich auf das Wesentliche konzentrierst. Nimm dir genau das heraus, was dir dienlich sein kann. Lege den Fokus auf das Gute! Manchmal kann ein einziger Tipp für eine enorme Steigerung der eigenen Lebensqualität sorgen. Bei mir selbst war übrigens der simple Tipp mit den Ohrstöpseln unendlich bereichernd. Total banal und dennoch hat sich dadurch mein allgemeines Lebensgefühl im Alltag völlig verändert. In der folgenden Auflistung meiner persönlichen Tipps wirst du noch darüber lesen.

Tipp Nr. 1

Achte auf dein Umfeld, denn es färbt auf dich ab!

Wenn sich zwei Menschen treffen, von denen einer hochsensibel ist und der andere nicht, kann sich das Ganze anstrengend gestalten. Zumindest, wenn auf der Seite des weniger Sensiblen ein zu großes Defizit an Achtsamkeit und Mitgefühl gegeben ist. Werde dir deiner Gefühle bewusst, die dich ereilen, sobald dein Gegenüber beispielsweise zu laut spricht. Wie fühlt sich das für dich an? Was macht dieser Umstand mit dir? Wie gehst du damit um? Duldest du es, weil du das Treffen einfach nur „hinter dich bringen" willst? Oder sprichst du direkt an, was dich stört?

Gleiches frage dich, wenn dir die Körpersprache deines Gesprächspartners zu wild ist oder dergleichen. Ich selbst mag es beispielsweise überhaupt nicht, wenn mir jemand bei einer Umarmung stark auf den Rücken schlägt. Oder wenn mir jemand nach jedem dritten Satz an die Schulter fasst, um meine Aufmerksamkeit zu erzwingen.

Wird meine persönliche Intimsphäre missachtet, fühle ich mich nicht respektiert und weise erst einmal höflich darauf hin, da ich nicht davon ausgehe, dass jeder meine persönlichen Grenzen kennt. Wenn dies danach aber immer wieder ignoriert wird, meldet sich die Wut in mir. Ich kann mich dann dazu entscheiden, eine mühsame Diskussion zu führen. Ich kann mich aber auch dafür entscheiden, diesen Menschen in Zukunft lieber zu meiden. Tatsächlich hatte ich einst einen Freund, der mich diesbezüglich nicht ernst genommen hatte.

Trotz mehrmaliger Bitte um Unterlassung, fasste er mir ständig an meine Schulter, wenn er sprach. Das lief viele Monate so. Ich zog die nötige Lehre daraus und traf mich immer seltener mit ihm. Mir wurde bewusst, dass sich sein Verhalten mir gegenüber nicht ändern wird, da er das einfach nicht möchte oder kann und so brach ich den Kontakt schlussendlich ab.

Ja, du darfst den Kontakt zu Menschen abbrechen, wenn sie dir nicht guttun. Lass dir nicht erzählen, dass du herzlos oder eiskalt bist, nur weil du dich auf gesunde Weise abgrenzt. Deiner eigenen Gesundheit zuliebe musst du das sogar. Finde guten Gewissens heraus, was deine innere Balance ins Wanken bringt, und sprich es offen aus.

Du hast das Recht dazu. Suche den Dialog und handle lösungsorientiert, aber grenze dich auch rechtzeitig ab, bevor du Schaden davonträgst. Nun ein paar Beispiele, die dich vielleicht mehr stören, als dir bewusst ist. Es tut dir nicht gut, wenn die Person, die du triffst:

- viel zu laut spricht
- unangebrachte Kraftausdrücke verwendet
- mit dir über Menschen lästern möchte, die nicht anwesend sind

- dich selten ausreden lässt
- zu wild gestikuliert, indem sie beispielsweise Aussagen mit einem lauten Schlag auf den Tisch bekräftigt
- immer über das gleiche Thema spricht, sie sich ständig wiederholt und es kaum bemerkt

- ständig Treffpunkte vorschlägt, an denen eine Reizüberflutung deinerseits praktisch vorprogrammiert ist
- überhaupt nicht mit deiner Hochsensibilität umgehen kann, sie dich sogar ab und zu dazu auffordert, mal nicht so „empfindlich" zu sein

- deine persönliche Intimsphäre missachtet, obwohl du sie höflich darauf hinweist

- stets das kritisiert, was dich eigentlich ausmacht
- mit sich und ihrem Leben nicht zufrieden ist und dich als Projektionsfläche für ihre Wut und Unsicherheit verwendet
- kaum Interesse an deinen Gedanken zeigt und stattdessen nur von sich und ihren Lebensumständen spricht

~

Umgib dich lieber mit Menschen, die dich samt all deinen Empfindlichkeiten aushalten können und deine Bedürfnisse ernst nehmen. Das heißt im Umkehrschluss also auch, konsequent Abstand von jenen zu nehmen, die dies nicht tun. Überlege dir ganz genau, ob du Leute treffen möchtest, die dich verurteilen, weil sie deine Gabe nicht richtig einordnen können und sich in deiner Anwesenheit automatisch entwaffnet und somit ständig bedroht fühlen.

Machen dich derartige Begegnungen glücklich? Bereichern dich solche Begegnungen oder rauben sie dir eher Lebenskraft? Sei ehrlich zu dir selbst und setze gezielte Handlungen. Körper, Geist und Seele werden dir danken, versprochen. Hab dich selbst gern und umgib dich mit Menschen, dessen Denke auf Harmonie und Gemeinsamkeit beruht. Dein Umfeld färbt immer auf dich ab, ob du willst oder nicht. Menschen, die mehr wahrnehmen als der Durchschnitt, werden nun mal auch um ihre Gabe beneidet. Dadurch dienen Hochsensible oft als geeignete Projektionsfläche für Menschen mit einem geringen Selbstwertgefühl. Wisse das und ziehe Grenzen, wenn notwendig. Das ist wichtig und richtig!

Viele Menschen verwechseln Höflichkeit mit Schwäche und übertreten Grenzen immer wieder, sofern diese nicht offensichtlich gezogen wurden. Sprich daher gerne mal ein sanftes Machtwort, stell deine Bedürfnisse klar und handle entsprechend, wenn diese nicht akzeptiert werden. In meinem Buch namens „Ich bin jetzt, ich bin hier. Meine Kraft behalte ich mir" gebe ich bewährte Tipps darüber, wie man mit sogenannten „Energievampiren" adäquat umgehen kann. Es kann sehr gut sein, dass deine Hochsensibilität gar nicht „das Problem" ist. Bevor du dir selbst eine Diagnose stellst, stelle erst einmal sicher, dass du nicht von giftigen Energievampiren umgeben bist, die dir deine Kraft rauben.

Tipp Nr. 2

Bewusstes Wohnen

Zu deinem Umfeld, also dem Feld, welches dich die meiste Zeit umgibt, zählen nicht nur die Menschen, die du triffst. Sieh dir deine Wohnsituation genauer an. Wohnst du in einer Großstadt oder eher in einer ruhigen Umgebung? Wie fühlt es sich an, hier zu leben? Wie laut ist es da, wo du dich aufhältst? Was siehst du draußen als Allererstes, wenn du dein Zuhause verlässt? Welche Gerüche nimmst du wahr? Ist es der Smog der Stadt? Sind es Abgase von Autos? Atmest du frische Luft ein? Hast du viel Bewegungsfreiheit oder bist du eher eingeschränkt? Was siehst du beim Blick aus dem Fenster?

Ich bin in Wien groß geworden und war stets davon überzeugt, den Lärm vor meiner Haustür zu brauchen. Mit 25 Jahren zog ich erstmals in eine Gegend, in der angenehme Stille herrschte. In den ersten Wochen fiel mir das Einschlafen schwer, da mir der Lärm dazu fehlte. Ich war es nicht gewohnt, beim Einschlafen keine Autos zu hören, die sonst zu jeder Uhrzeit an meiner Wohnanlage vorbeifuhren. Auch fehlten mir die Leute, die ich in der Nacht hörte, wenn sie durch die Gasse liefen, in der ich wohnte. Gegen meine Erwartungen dauerte es jedoch gerade einmal zwei Monate, bis ich mich nicht nur an die Stille gewöhnte, sondern begann, sie zu lieben. All die Jahre zuvor war mir nicht klar, wie sehr sich meine Ohren nach dieser Stille sehnten. Diesbezüglich war ich mir meiner Sensibilität überhaupt nicht bewusst. Im Gegenteil, ich meinte stets, ein „Stadtmensch" zu sein, der ohne den Stress nicht leben könnte. Ich liebe Großstädte zwar nach wie vor, aber es ist tatsächlich die Stille, aus der ich meine Kraft schöpfen kann. Frage dich also stets, ob die Umgebung, in der du lebst, zu deinem wahren Naturell passt oder ob du dich möglicherweise zu sehr an eine Umgebung angepasst hast, die deiner Innerlichkeit gar nicht entspricht.

Dasselbe gilt auch bei deiner Wohnungseinrichtung. Ich denke, dass viele Menschen kaum darauf achten. Schau dich mal ganz genau um. Sind deine Möbel gemütlich für dich? Welche Farben machen deine Wohnung aus? Es ist längst kein Geheimnis mehr, dass Farben eine jeweilige Wirkung auf uns haben können. Ein allgemein sehr spannendes und relativ großes Thema, aber widmen wir uns kurz den drei Grundfarben, die mit dem Begriff RGB abgekürzt werden, welcher für Rot, Grün und Blau steht. So signalisiert Rot beispielsweise Vorsicht oder Gefahr. Daher sind auch viele Verkehrsschilder rot. Je nach aktueller Lebensphase kann diese Farbe aber auch für Vitalität, Stärke, Leidenschaft, Selbstbewusstsein, Aktivität, Dynamik, Konkurrenz oder Erotik stehen. Es kommt natürlich auch immer darauf an, womit du momentan resonierst, was dich aktuell beschäftigt, was dich in deinem Inneren gerade bewegt. Grün wird zumeist mit Freiheit, Autonomie und Natur assoziiert. Jeder weiß, dass schon eine kleine Pflanze dazu in der Lage ist, dem Zuhause Leben einzuhauchen. Wieviel Grün ist in deiner Wohnung zu sehen? Weitere Interpretationen mit der Farbe Grün sind beispielsweise Durchsetzungskraft, Stabilität, Würde, Ausdauer, Ehrlichkeit, Kreativität oder Selbstachtung.

Die dritte Grundfarbe ist gleichzeitig die Lieblingsfarbe der meisten Menschen in unseren Breitengraden. Die Farbe Blau wird mit Harmonie, Ausgeglichenheit, Frische und Hygiene assoziiert. Außerdem wird sie unterbewusst meistens mit Wohlsein, innerer Zufriedenheit, Sanftheit, Ruhe, Beständigkeit und Vertrauen in Verbindung gebracht. Soziale Netzwerke machen sich dies ganz bewusst zunutze, um vertrauenswürdig zu wirken. Sieh dir die Logos der verschiedenen Plattformen an. Deren Gemeinsamkeit steckt nicht zufällig in der Farbauswahl. Wenn du hochsensibel und vor allem eher ein visueller Typ bist, dann kann die richtige Farbsetzung in deinen eigenen vier Wänden positive Auswirkungen auf dich und dein Lebensgefühl haben. Finde heraus, welchen Einfluss Farben auf dich persönlich haben und setze entsprechende Akzente.

Natürlich ist es möglich, dass Farben dich kaum beeinflussen. Dies muss nicht bedeuten, dass du nicht hochsensibel sein kannst. Das Eine schließt das Andere klarerweise nicht aus. Schwarz-Weiß-Denken ist hier unangebracht. Okay, kleiner Wortwitz am Rande. Nun aber abschließend zu einem Aspekt, den immer noch sehr viele Menschen unterschätzen. Gemeint ist die Beleuchtung, das Licht in deinem Zuhause. Welche Glühbirnen verwendest du? Sind diese hell genug? Deine Möbel können beispielsweise daheim farblich anders aussehen und somit anders auf dich wirken als beim Kauf, wenn das Licht nicht passt. Spenden deine Glühbirnen warmes oder kaltes Licht? Sogenanntes „Warmes Licht" (2700 bis 3300 Kelvin) regt uns automatisch zum Entspannen an. Es erzeugt meistens eine Atmosphäre, in der wir uns allgemein wohl fühlen. Um uns auf dem Sofa im Wohnzimmer zu erholen, ist warmes Licht daher ideal. Es kann uns aber auch müde machen, obwohl wir eigentlich genug geschlafen haben.

Auch hier ist es wie bei den Farben. Als Hochsensibler solltest du die Auswahl nicht dem Zufall überlassen, sondern dich bewusst und deinen inneren Bedürfnissen entsprechend entscheiden. Gerade das Licht ist maßgeblich für unsere Stimmung. Das sogenannte „Kalte Licht" (über 5300 Kelvin) wird eher als grell und kühl empfunden. Es regt uns zu Leistung an und wird in Räumen, in denen der Mensch funktionieren soll, eingesetzt. In Fabriken, Büros aber auch im

Einkaufscenter wird das Licht ganz gezielt eingesetzt, den jeweiligen Motiven entsprechend. Kaltes Licht wird auch in den meisten Sportstudios verwendet, da es eben unsere Leistungsfähigkeit und Konzentration steigern, unsere Stimmung im positiven Sinne beeinflussen und uns allgemein motivieren kann. Das ist der Tatsache zu verdanken, dass weißes Licht dem natürlichen Tageslicht nahekommt.

Und damit komme ich zum nächsten Tipp, mit welchen ich diesen Abschnitt beenden möchte. Bestimmt hast du schon einmal von der sogenannten Winterdepression gehört. Abgesehen von einer hochdosierten Einnahme von Vitamin D3 und K2 möchte ich dir den Gebrauch einer Tageslichtlampe ans Herz legen, damit du frohen Mutes durch den Winter kommst. Eine Tageslichtlampe simuliert, wie der Name schon sagt, Tageslicht. Es gibt kleine Lampen, die du dir auf den Tisch stellen kannst. Einige Menschen nutzen diese bei der Arbeit am Schreibtisch. Es gibt aber auch größere Lampen, die dem gesamten Raum viel mehr Licht spenden. Vor allem im Winter ist die Wirkung einer qualitativ hochwertigen Tageslichtlampe enorm zu spüren. Meines Erachtens sollte jeder von uns solch eine Lampe zu Hause haben, zumindest in Ländern, in denen wir die Sonne in den Wintermonaten nicht ausreichend zu Gesicht bekommen. Ich persönlich habe mit dimmbaren Tageslicht-Glühbirnen sehr gute Erfahrungen gemacht.

Glühbirnen kannst du beispielsweise bei normalen Stehlampen verwenden, falls du auf Licht empfindlich reagierst, welches von oben auf dich herabscheint. Probiere gerne verschiedene Lichtquellen aus und finde heraus, welche dir besonders guttut. Zwischen kalt und warm gibt es natürlich auch viele Zwischenstufen, welche dir entsprechen könnten. Falls du dich dieser Thematik noch nicht ausreichend gewidmet hast, wirst du sehr wahrscheinlich staunen, sobald du das nachholst. Zuletzt sei gesagt, dass ich dir bei der Auswahl deiner Lichtquelle unbedingt dazu rate, auf die Qualität zu achten. Einmal richtig investiert, Glück und Freude garantiert!

Tipp Nr. 3

Psychotherapie bei einem HSP-Spezialisten

Was kann dir bei deiner Selbsterkenntnis mehr weiterhelfen als die richtige Frage im richtigen Moment? Es gibt mittlerweile viele kompetente Psychotherapeuten, die sich auf das Gebiet der Hochsensibilität spezialisiert haben. Mit den richtigen Fragen und bestimmten Übungen wird dir dazu verholfen, dich selbst besser zu verstehen. Du wirst deine Gefühle noch genauer zuordnen können und hast außerdem einen Außenstehenden, der dir Dinge aufzeigt, welche dir vielleicht nicht bewusst sind, dich jedoch in deinem alltäglichen Leben still und heimlich strapazieren. Jemanden zu haben, der einen wirklich versteht, ist bereits eine große Bereicherung. Wenn dieser Jemand dir zusätzlich wirkungsvolle Ratschläge mit auf den Weg geben kann, welche sich in der Praxis leicht umsetzen lassen, ist das umso wertvoller. Dass sich immer mehr Psychotherapeuten auf dem Gebiet der Hochsensibilität spezialisieren, finde ich großartig.

Tipp Nr. 4

Meide negative Nachrichten

Mit dem Begriff „Nachrichten" assoziieren die allermeisten von uns sofort verschiedenste Schreckensbilder. Schaut man sich die Informationen an, welche in den letzten Jahren an uns herangetragen wurden, ist das in keiner Weise verwunderlich. Weniger Menschen denken aber daran, den Konsum gewöhnlicher Nachrichten zu unterlassen. Irgendwie scheint jeder zu wissen, dass wir unseren Kopf nicht damit füttern sollten, weil es uns schadet. Trotzdem fällt es vielen schwer, sich ein Leben ohne jene negativen Schlagzeilen vorzustellen. Genau dazu möchte ich dir jedoch aus tiefstem Herzen raten. Vergifte deinen Geist nicht mit Informationen, die dich in einem Dauerzustand der Angst festhalten. Begehe nicht den Fehler, zu glauben, dass du andauernd „informiert" sein müsstest, um aufgeklärt durchs Leben zu kommen. Wenn es wirklich etwas gibt, das du unbedingt wissen musst, wirst du es ganz sicher schon bei den nächsten Begegnungen mit Freunden, Bekannten oder Arbeitskollegen erfahren.

Wir wissen mittlerweile, dass Nachrichten unser Lebensgefühl enorm beeinflussen können. Ein hochsensibler Mensch ist auch hier wieder einmal mehr ein gefundenes Fressen für jene, die in die Gefühlswelt der Menschen eingreifen wollen, um sie für ihre Interessen zu gewinnen. Dagegen kannst du dich aber wehren. Mach dich frei! Je weniger Schlagzeilen dich erreichen, desto gefestigter bist du in deinem Tun. Lass nicht zu, dass du genau das denkst, was du denken und folglich fühlen sollst, damit du nur noch gehorsam funktionierst. Ich bin mir sicher, dass auch du dich nicht wirklich frei fühlst. Wir spüren, dass hier irgendetwas nicht richtig ist. Wir fühlen uns auf seltsame Weise unfrei. Hierzu sei gesagt, dass echte Freiheit im Kopf beginnt. Füttere ihn achtsam und wäge bedacht ab, ob eine Information es wert ist, ihr zu folgen, oder ob es dir eher schaden würde. Aufmerksamkeit folgt der Energie und umgekehrt. Gelingt es dir, deinen Fokus auf erfreuliche Nachrichten zu lenken, richtet sich dein ganzes Leben danach aus.

Wenn du Nachrichten konsumieren möchtest, dann schau dich im Internet um. Es gibt unzählige Webseiten und jede Menge Gruppen auf den Plattformen der sozialen Medien. Viele Menschen haben die Kraft der Informationen, die wir täglich aufnehmen, erkannt und verbreiten daher positive Energie in Form von Bildern, Sprüchen und anderen Beiträgen. Ich selbst habe beispielsweise „Gesunder Geist" ins Leben gerufen. Eine Seite auf der Plattform Facebook, welche Menschen inspirieren, motivieren und zum Hinterfragen anregen soll. Schau gerne vorbei, wenn du magst. Du bist zu jeder Zeit herzlich willkommen.

Tipp Nr. 5

Auszeiten einplanen und nicht zu viel vornehmen

Dass du dich selbst nicht zu sehr stressen solltest, weißt du. Damit erzähle ich dir nichts Neues. Aber hochsensible Menschen neigen nicht selten zu Selbstüberforderung. Sie setzen viel zu hohe Ansprüche an sich selbst, und das obwohl sie um die Auswirkungen von ungesundem Stress wissen. Bei anderen fällt es ihnen schnell auf, aber bei sich selbst können oder wollen sie es oft nicht sehen. So wird häufig bewusst oder unbewusst einer Tätigkeit nach der anderen nachgegangen, um sich von all den äußeren Reizen abzulenken. Dabei entpuppt sich diese Ablenkung oftmals nur als ein weiterer Dominostein in der Stresskette, wenn man sie genauer unter die Lupe nimmt.

Ich habe schon von mehreren Hochsensiblen gehört, dass sie sich in stressige Situationen begeben, um zu kompensieren. Manche spazieren durch Kaufhäuser, wenn sie sich gestresst fühlen. Andere flüchten sich in übertriebene Sportaktivitäten und wieder andere ertränken sich selbst in Arbeiten jeglicher Art. Sobald ein hochsensibler Mensch aber weiß, warum er das macht, was er macht, kann er sich tatsächlich davon befreien und entspannen. Dadurch kann er nicht nur seiner Psyche, sondern vor allem auch seinem Körper einen großen Gefallen tun. Hinterfrage deine eigenen Ablenkungsstrategien und verabschiede dich von ihnen, wenn du sie als Dominostein entlarvt hast. Auch wenn dir der Sport so viel Spaß macht, entlarve ihn. Vielleicht reicht es völlig aus, wenn du deine Aktivitäten auf ein gesundes Maß reduzierst. Nervosität und übertriebener Stress sind ungesund für den Körper, sieh das ein.

Du musst dich nicht selbst in ständige Alarmbereitschaft versetzen und dich von einer Aufgabe zur nächsten hetzen. Es ist ungesund, wenn du stets dafür sorgst, dass dein Blutdruck steigt und somit Stresshormone ausgeschüttet werden. Stehst du chronisch unter Anspannung, setzt dein Körper nämlich übermäßig das Stresshormon Cortisol frei und wenn davon zu viel in deinem Körper rumschwirrt, kann dies zu körperlichen und zu mentalen Krankheiten führen. Zwinge dich selbst auch mal zur Ruhe, du wirst dir dankbar sein. Verfolge deine Ziele in deinem eigenen, gesunden Tempo. Mach dir selbst keinen übertriebenen Druck und stell keine Anforderungen an dich selbst, welche dich davon abhalten, in die Ruhe zu kommen. In der Ruhe wohnt die Kraft, also sei die Ruhe selbst. Bleibe nicht stehen, aber reise achtsam. Denn es ist nicht wichtig, wie langsam du gehst, sofern du nicht stehen bleibst.

Ich rate dir beispielsweise zu einer handyfreien Woche. Ja, das ist machbar und möglich, selbst wenn du weltbewegende Anrufe erwartest. Lass dich nicht von der Zeit kontrollieren, sondern nimm sie dir gezielt und hantiere gewissenhaft mit ihr. Nimm dir Zeit für dich alleine, zieh dich gerne einmal zurück, um aufzutanken. Den täglichen Informationsfluten musst du dich nicht aussetzen. Mache auch gerne einmal eine Internetpause, eine digitale Entgiftung sozusagen. Die Abwesenheit von gewissen Frequenzen kann mehr bewirken, als sich die allermeisten vorstellen können. Nimm dir eine Auszeit und zwar regelmäßig, fordere sie ein. Mache regelmäßige Auszeiten zum fixen Bestandteil deines Lebens, trage sie gerne in deinem Kalender ein, damit du dich nicht selbst wieder austrickst. Trage sie ein und halte dich daran – und zwar dir selbst zuliebe.

Tipp Nr. 6

Progressive Muskelentspannung (PME)

Die Progressive Muskelentspannung ist meines Erachtens eine der effektivsten Entspannungsmethoden und sollte als Tipp nicht unerwähnt bleiben. Hier die offizielle Definition von Wikipedia.de, nur falls du noch nicht genau weißt, worum es sich eigentlich bei der PME handelt: Bei der progressiven Muskelentspannung nach Edmund Jacobson handelt es sich um ein Entspannungsverfahren, bei dem durch die willentliche und bewusste An- und Entspannung bestimmter Muskelgruppen ein

Zustand tiefer Entspannung des ganzen Körpers erreicht werden soll. Dabei werden nacheinander die einzelnen Muskelpartien in einer bestimmten Reihenfolge zunächst angespannt, die Muskelspannung wird kurz gehalten, und anschließend die Spannung sofort gelöst. Die Konzentration der Person wird dabei auf den Wechsel zwischen Anspannung und Entspannung gerichtet und auf die Empfindungen, die mit diesen unterschiedlichen Zuständen einhergehen. Ziel des Verfahrens ist eine Senkung der Muskelspannung bis unter das normale Niveau, da das die eigene Körperwahrnehmung verbessert. Mit der Zeit soll die Person lernen, muskuläre Entspannung herbeizuführen, wann immer sie dies möchte. Zudem sollen durch die Entspannung der Muskulatur auch andere Zeichen körperlicher Unruhe oder Erregung reduziert werden können, wie beispielsweise Herzklopfen, Schwitzen oder Zittern. Die üblichen Begleiter mancher hochsensiblen Menschen. Darüber hinaus können Muskelverspannungen aufgespürt, gelockert und damit Schmerzzustände verringert werden.

Anwendungsmöglichkeiten:
Die Methode der progressiven Muskelentspannung wird häufig im Rahmen einer Verhaltenstherapie eingesetzt, beispielsweise bei der Behandlung von Angststörungen, wo sie im Rahmen einer systematischen Desensibilisierung zur Anwendung kommt. Aber auch bei arterieller Hypertonie, Kopfschmerzen, chronischen Rückenschmerzen, Schlafstörungen oder eben bei langanhaltendem Stress lassen sich mit progressiver Muskelentspannung gute Erfolge erzielen.

Du merkst also, dass PME quasi wie maßgeschneidert für hochsensible Menschen ist. Diese Methode wird dir bestimmt dabei helfen, einen Gang runterzuschalten. Du kannst eine PME-Sitzung auch in deine Morgenroutine oder in dein Abendritual einbauen, wenn du magst. Das Schöne ist auch, dass es primär um die körperliche Ebene geht. Das bedeutet, dass du eine Audio-Sitzung wiederholt und trotzdem ohne Wirkungsverlust anhören kannst. Bei geführten Meditationen, welche man mit der Zeit schon auswendig mitsprechen kann,

kann der Effekt des Eintauchens eventuell nachlassen. Wenn diese Methode dir hilft, empfehle sie gerne weiter. Letztlich haben wir alle etwas davon – denn je entspannter unser Umfeld ist, desto mehr können wir uns gemeinsam auf die wesentlichen Dinge im Leben konzentrieren. Schließlich strebt jeder von uns danach, ein glückliches Leben voller Glück, Freude und Frieden zu leben.

Tipp Nr. 7

Erkenne und verlasse deine Komfortzone

Als Hochsensibler ist man normalerweise versucht, intensiven Reizen aus dem Weg zu gehen, und das ist prinzipiell auch nicht verkehrt. Natürlich solltest du es dir zur Aufgabe machen, herauszufinden, welche Orte und welche Menschen dir guttun und welche eher nicht. Meide bestmöglich Situationen, die dir Energie rauben. In eine laute Umgebung, die dich total stresst, solltest du dich nicht häufiger als notwendig begeben.

Achte allerdings darauf, diese Schutzmaßnahme nicht zu übertreiben. Wir sollten nicht vergessen, zu leben. Unser Leben ist Leben, inmitten von Leben, das unbedingt gelebt werden will. Wenn wir uns in unserer Komfortzone verbarrikadiert haben und alle Chancen und Risiken des Lebens ablehnen, fühlt es sich vermeintlich nach Sicherheit an, aber mit einem erfüllenden Leben voller Freude hat das wenig zu tun. Über die Jahre hinweg entwickeln Hochsensible automatisch Verhaltensweisen, die sie in dieser Welt klarkommen lassen. Wichtig ist jedoch, dass die eigene Bewusstheit früh genug wächst, damit das eigene Verhalten erkannt, zergliedert und verstanden wird. In der Regel irrt ein Hochsensibler relativ lange umher, bis ihn irgendwann einmal Begriffe wie „Hochsensibilität" oder dergleichen erreichen. Meistens liest er sich dann in diesen Themenbereich ein und fühlt sich erstaunlicherweise verstanden. Es kommt ihm stellenweise so vor, als ob der Verfasser des jeweiligen Textes über ihn persönlich schreibt. Kurz darauf erkennt er, dass er nicht alleine ist, es also viele Menschen gibt, die ähnlich empfinden wie er und so weiter. Und ab hier beginnt die große Transformation. Was vorher nicht als Gabe erkannt und durch unbewusste Verhaltensweisen unter dem Deckel gehalten wurde, wird fortan mit Zuversicht, Neugier und Begeisterung beleuchtet. Dies ist der Moment, in dem die hemmende Komfortzone langsam aber sicher verlassen werden kann. Also der Moment, in dem die Raupe zum Schmetterling wird. Ab hier wartet „das wahre Leben“ mit offenen Armen auf dich!

Davor hast du so gelebt und dich so verhalten, wie es ein Hochsensibler eben automatisch tut, wenn er nicht weiß, dass er hochsensibel ist. Daran ist nichts verwerflich. Du musstest quasi „überleben“, dich über Wasser halten, wenn du so magst. Meines Erachtens kannst du sogar stolz auf dich sein, weil du es in einem Spiel, welches dir eigentlich gar nicht liegt, sehr weit gebracht hast. Ruf dir das ruhig einmal ins Gedächtnis. Aber spätestens heute, hier und jetzt, nachdem du bereits fast die Hälfte dieses Buches gelesen hast, kannst du nicht mehr zurück in deine alte Welt. Du kannst deine Flügel nicht einfach ignorieren. Zumindest kannst du dich nicht mehr unwissend in die Ecke verkriechen, und ja, das ist definitiv eine gute Nachricht. Je mehr du den Reizen des Lebens ausweichst, desto empfindlicher reagierst du, wenn dich hier und da dann doch einmal einer entgegen deiner Erwartung streift.

Du kannst nicht alles Unangenehme meiden und schon gar nicht im Vorfeld kontrollieren. Du kannst es probieren, ab und an hast du scheinbar auch Erfolg damit, aber letztlich trägst du die Konsequenzen. Ein Nein zu manch unangenehmer Erfahrung kommt einem Nein zum Leben gleich. Anstatt „nicht zu leben“, könntest du also ruhig öfter einmal Ja sagen! Im Konkreten bedeutet das, dass du dich deinen Ängsten stellen sollst. Konfrontiere dich damit. Hab Mut zum Risiko, gehe deiner Neugierde nach, verlasse deine Komfortzone und trainiere dir alte Gewohnheiten Schritt für Schritt ab, sofern sie dich in deiner persönlichen Entfaltung einschränken. Sei es das offene Ansprechen von fremden Menschen, das selbstbewusste

Vertreten deines Standpunktes, das Stecken neuer Ziele, die bei erster Betrachtung gar nicht mit deiner Vergangenheit zusammenpassen etc. Du darfst, kannst und sollst dich verändern. Wer immer nur der bleibt, der er war, wird nie erfahren, wer er ist. Willst du wissen, wer du bist, so widme dich deinen Ängsten. Ein gesundes Maß an Selbstvertrauen gibt dir erst die Möglichkeit, dich selbst kennenzulernen.

Sobald dein Tun aus Motiven der Liebe zum Leben, anstatt aus dem Motiv der Angst resultiert, ergreift dich ein Lebensgefühl, welches dir den Weg zu einem freien Leben voller Freude und Glück ebnet. Das heißt nicht, dass du von Rückschlägen verschont wirst, aber sehr wohl, dass du auf diese mutig, zuversichtlich, gestärkt und mit viel Lebensenergie reagieren wirst. Wie bei allen Aspekten sei auch hier gesagt, dass du dich nicht von einem Extrem ins andere stürzen sollst. Erstelle dir beispielsweise eine Liste mit Punkten, die du in den nächsten sechs Monaten nacheinander in Angriff nehmen wirst. Alles in deinem Tempo. Hauptsache, du verlässt deine Komfortzone mit Bedacht.

Tipp Nr. 8

Struktur durch Notizen

Wenn du Struktur im Außen herstellst, ergibt sich dadurch auch Ordnung in deinem Inneren. Umgekehrt gilt dasselbe, jedoch fällt es hochsensiblen Menschen oft leichter, mit der Struktur im Außen zu beginnen. Hierfür gibt es einiges, das du aktiv tun kannst. Die Verwendung eines simplen Kalenders kann bereits enorm helfen. Trage dir jeden Termin und jedes geplante Treffen mit Freunden oder Verwandten ein. Ebenso kannst du Termine rückwirkend eintragen, um dich insgesamt gedanklich zu festigen und das Erlebte noch einen Tick bewusster zu verarbeiten. Des Weiteren können To-do-Listen und kleine Klebezettel, sogenannte Post-its, zu einem geordneten Tagesablauf beitragen. Allgemein empfiehlt es sich meines

Erachtens eine To-do-Liste für den kommenden Tag zu haben. Wenn du am Vorabend auf einem Zettel oder in einem Notizblock notierst, was du am Tag darauf machen wirst, stellen sich dein Körper und Geist bereits darauf ein. So gelingt dir wahrscheinlich sogar das leicht, was dich üblicherweise rasch überfordert. In dieser Hinsicht ist es in der Tat gut, ein Stück weit Kontrolle zu übernehmen, anstatt in den Tag hineinzuleben beziehungsweise ziellos durch den Tag zu schweben. Schreib dir deine Ziele für den nächsten Tag gerne in genau jener Reihenfolge auf, in der du diese dann auch tatsächlich nacheinander anpeilst.

Sei es das Einkaufen von Lebensmitteln, das Treffen mit einer Freundin, der Spaziergang durch die Stadt, das Telefonat mit einem deiner Liebsten und so weiter. Ja, es klingt simpel und möglicherweise machst du das bereits. Wunderbar, falls das so ist. Falls nicht, rate ich dir herzlichst dazu. Es wirkt Wunder, was die innere Ordnung anbelangt. Für all jene Dinge, die du zu Hause umsetzen möchtest, könntest du einfach ein Post-it entsprechend beschriften und an den jeweiligen Platz kleben. Beispielsweise könntest du dein Frühstück notieren und das Post-it dann auf den jeweiligen Schrank kleben.

Dem Badezimmerspiegel könntest du auch ein Post-it verpassen, um dich an das Zähneputzen zu erinnern. Ich unterstelle dir mal, dass du deine Zahnpflege sowieso nicht vergisst, aber darum geht es gar nicht. Es geht schlichtweg darum, Struktur in deinen Alltag zu integrieren, damit sich diese auch in deinem Inneren manifestiert. Scheue dich also nicht davor, selbst routinierte Abläufe zu planen. Wie im Kleinen, so auch im Großen.

Tipp Nr. 9

Morgenroutine

Eine Morgenroutine ist, wie es der Name bereits anmuten lässt, eine bestimmte Routine, die morgens durchführt wird. Nicht bloß die erfolgreichsten Menschen haben eine. Mittlerweile ist sie glücklicherweise ein weitverbreiteter Begriff. Wir alle kennen das mehr oder weniger, wenn wir nach dem Aufstehen erst einmal in tranceähnlichem Zustand durch die Gegend wanken. Gerade waren wir noch im Tiefschlaf, und schon stürzen wir uns kaum vorbereitet in den Tag. Obwohl diese Art des Munter-Werdens üblich ist, so ist sie mitnichten die angenehmste oder effektivste und erst recht nicht die gesündeste. Gerade bei Hochsensiblen kann solch ein hektischer Start in den Tag bereits den Stein der Überforderung ins Rollen bringen. Du könntest dir aber ruhigen Gewissens die Möglichkeit einräumen, dich auf deine eigene Weise zu sammeln, bevor du losgehst.

Bei der Zusammenstellung deiner persönlichen Morgenroutine kannst du also jene Tätigkeiten einbauen, die dir in der Früh am besten dabei helfen, sanft zu dir zu kommen. Es geht einmal mehr darum, sich wertvolle Zeit für sich allein zu nehmen, sich etwas Gutes zu gönnen, um somit Liebe und Wertschätzung für sich selbst auszudrücken. Am besten wählst du also circa drei bis acht Tätigkeiten oder Schritte, die du dann in einer festgelegten Reihenfolge jeden Morgen durchführst. Diese festgelegte Routine wird dir Halt geben und dir das Aufwachen enorm erleichtern. Um dir dafür genügend Zeit zu geben, wirst du wahrscheinlich den Wecker etwas früher stellen müssen. Doch wisse, dass dir deine Routine schon nach kurzer Zeit viel mehr Energie schenken wird, als es 30 Minuten mehr Schlaf könnten. Alternativ steht es dir natürlich auch frei, am Abend 30 Minuten früher ins Bett zu gehen. Eine sinnvoll gestaltete, für dich passende Morgenroutine wird dir dabei helfen, wilde Träume schneller abzuschütteln, dich positiv für den Tag auszurichten, zu zentrieren und in weiterer Folge, eine bessere, glücklichere Version deiner Selbst zu werden. Je gelassener du in den Tag startest, desto eher bist du in der Lage, dich nicht auf jede Kleinigkeit im Außen einzulassen oder reflexartig zu reagieren. Auch deine Beziehungen, Leistungen, dein Zeitmanagement und deine Produktivität werden insgesamt positiv beeinflusst. Du wirst deinen Morgen mit Klarheit, Fokus und Achtsamkeit beginnen, wenn du deiner Morgenroutine konsequent nachkommst. Insgesamt wirst du dadurch in der Lage sein, Herausforderungen gelassener entgegenzutreten.

Jetzt folgen mögliche Tätigkeiten, die du in deine Morgenroutine einbauen kannst. Falls dir etwas völlig anderes einfällt, was viel besser zu dir passt, macht es natürlich Sinn, wenn du stattdessen das wählst. Ich teile dir nur einen winzigen Ausschnitt meiner Ideen mit. Es ist wichtig, dass dir deine Morgenroutine wirklich hilft. Racker dich nicht krampfhaft an Dingen ab, die zwar im Trend liegen, aber gegen deinen eigenen inneren Kompass sprechen. Ich selbst finde beispielsweise Yoga toll, aber sehe dabei nicht nur aus wie ein unbeholfener Flamingo, sondern fühle mich auch so. Lieber dehne ich mich ein paar Minuten lang auf meine Weise. Folgendes könntest du in deine Morgenroutine miteinfließen lassen:

- 2 Gläser Wasser direkt nach dem Aufstehen trinken
- Vitamine oder Nahrungsergänzungsmittel einnehmen
- das Bett ordentlich machen
- Fenster öffnen, frische Luft atmen
- Meditieren
- Yoga
- sportliche Betätigung
- vitales Frühstück
- Motivationsvideo ansehen
- Positive Affirmationen anhören
- ein (Heiß-)Getränk trinken *(Matcha, Tee, Kaffee, Kakao)*

- Traumtagebuch schreiben
- Dankbarkeitsübung *(3 Dinge aufzählen, für die du heute dankbar bist)*

- Dehnen
- Gesicht waschen, pflegen
- Lesen (nein, nicht die Zeitung)
- kalt duschen
- aufbauende Musik hören
- heilende Frequenzen über Kopfhörer hören

Kombinieren und aneinanderreihen kannst du die jeweiligen Schritte natürlich, wie es dir lieb ist. Wenn du nach einer Zeit umstrukturierst und zwischendurch experimentierst, ist das völlig okay. Hauptsache du bleibst dran, ziehst deine Morgenroutine also kontinuierlich durch. Mit der Zeit gewöhnst du dich an das frühzeitige Aufstehen und willst die Routine mitsamt ihren Vorteilen nicht mehr missen.

Tipp Nr. 10

Abendroutine

Nicht nur schlafen, um zu regenerieren, sondern Stunden davor schon abschalten und aufhören, zu funktionieren, so lautet meine Devise. Dein Körper hat es verdient, den Schlaf auch genießen zu können. Betrachte deinen Schlaf also nicht nur als Mittel zum Zweck. Zelebriere ihn und gib deinem Körper und deinem Geist die nötige Vorbereitungszeit für den Schlaf. Wie würdest du dich fühlen, wenn du dich gerade motiviert auf dem Laufband bewegst, die erste Hälfte deiner geplanten Strecke hinter dir hast, und dich jemand auf halbem Wege aufhält und sagt: „Steig sofort vom Laufband, setz dich da drüben auf die Parkbank und mach ein paar Stunden lang gar nichts?“ Könntest du, ohne zu zögern, in den Ruhemodus umschalten? Eine sehr überspitzte Darstellung, ich weiß. Aber natürlich würdest du deine geplante Strecke zu Ende laufen wollen und dann schön langsam, in deinem eigenen Tempo, runterkommen. Zumindest bräuchtest du deine Zeit, um dich auf die plötzliche Veränderung entsprechend einzustellen, eine Übergangsphase sozusagen. Abrupt von einem Modus in den anderen zu schalten, ist zwar auch wieder für viele Menschen üblich, weil sich die Leistungsgesellschaft offenbar darauf geeinigt hat, aber für die Gesundheit von Körper und Geist nicht gerade von Vorteil.

Dein Körper und dein Geist brauchen Zeit, um sich auf den Schlaf vorbereiten zu können. Lieber mit Ruhe ins Bett als mit Aufregung und Stress. Durch diese bedachte Herangehensweise kannst du aus dem Schlaf maximale Lebensenergie schöpfen, welche du im Alltag sehr gut gebrauchen kannst. Die Abendroutine oder das Abendritual, wie es auch genannt werden kann, soll dich dahin gehend unterstützen. Sie verhält sich ähnlich wie die Morgenroutine, bloß soll das Abendritual einen sanften Übergang zwischen dem stressigen Tag und dem Schlafengehen bieten.

Weder komplett überlastet ins Bett zu fallen und sofort einzuschlafen, noch stundenlang, vom Tag elektrisiert, im Bett zu liegen und nicht einschlafen zu können, stellen eine gesunde Schlafhygiene dar. Um einen möglichst erholsamen, ungestörten Schlaf zu erleben, kann man sich also wieder einen Plan für seine Abendroutine zusammenstellen. Am besten geeignet sind drei bis fünf ruhige, bildschirmfreie Aktivitäten. Sport, schweres Essen, Fernsehen oder Videos auf dem Laptop anzusehen, sollte zu knapp vor dem zu Bett gehen vermieden werden, da deine Schlafqualität dadurch drastisch gemindert werden kann. Das Fernsehen muss hoffentlich gar nicht erwähnt werden. Stattdessen empfehlen sich ruhige Aktivitäten, die dir dabei helfen, den bisherigen Tag zu verarbeiten, abzuschalten und sowohl körperlich als auch mental sanft in den Ruhemodus zu gleiten. Hier wieder einige Anregungen meinerseits:

- Tee trinken (bestimmte Tasse ausschließlich dafür verwenden, um somit ein Signal für das Unterbewusstsein zu geben)
- eine ausführliche To-do-Liste für den nächsten Tag erstellen
- Lesen (nein, noch immer keine Zeitung)
- Qualitätszeit ganz bewusst mit dem Partner und/oder der Familie verbringen

- Tagebuch führen, den Tag und sich selbst reflektieren
- eine kurze Dankbarkeitsübung (Was hat dir heute gefallen?)
- Visualisieren des nächsten Tages, den idealen Tag bereits mit den eigenen Gedanken erschaffen

- Meditieren
- ein bisschen durch die Gegend spazieren oder gemütlich joggen
- Duschen, allgemeine Körperpflege
- elektronische Geräte ausschalten

- bewusst entschleunigen durch leichtes Yoga, beruhigende Musik, Kerzenschein, Duftöle, Entspannungsübungen wie PMR, Fantasiereisen, beruhigende Affirmationen, heilende Frequenzen anhören et cetera

Tipp Nr. 11

Triff Entscheidungen innerhalb von 30 Sekunden!

Viele hochsensible Menschen überlassen Entscheidungen gerne den anderen. Beim Telefonat mit einer Freundin oder einem Bekannten fallen Sätze wie: „Ja, treffen wir uns irgendwann in der kommenden Woche. Wir hören uns bestimmt noch davor!" Ja, gerade als Hochsensibler sollte Stress vermieden werden. Es andauernd eilig zu haben, ist deiner ganzheitlichen Gesundheit nicht dienlich. Aber dein Unterbewusstsein würde sich gerne auf das anstehende Treffen einstellen und ist daher heilfroh, wenn es konkrete Informationen erhält. Es entlastet uns nicht wirklich, wenn wir Entscheidungen aufschieben, damit wir momentan nicht darüber nachdenken müssen. Eher ist es so, dass wir Ruhe bewahren, wenn wir Entscheidungen relativ rasch treffen, damit wir uns geistig entsprechend ausrichten können. In der Tat haben das viele Menschen verlernt. Überhaupt wird uns das eigenständige Denken durch digitale Alternativen sukzessive abgenommen. Wir sind denkfaul geworden und dies wird auch in der mangelnden Entscheidungskraft deutlich.

Hochsensible sollten Entscheidungen noch konkreter treffen als durchschnittlich sensible Menschen. Immerhin sitzen sie lange Zeit in der bereits erwähnten Achterbahn, ohne es zu wissen. Dein Alltag muss nicht immer eine Gelegenheit sein, die sich ergibt. Er kann auch eine Entscheidung sein, die du bewusst triffst. Das schnelle Treffen von Entscheidungen kannst du trainieren. Mach es dir beispielsweise an einem Tag zur Aufgabe, jede Entscheidung innerhalb von maximal 30 Sekunden zu treffen. Ob es um das Treffen mit der Freundin, die schwierige Entscheidung zwischen zwei Schokoladen, die Wahl deiner Kleidung oder die nächste Buchbestellung geht – entscheide dich stets innerhalb von maximal 30 Sekunden. Diese Aufgabe kann Spaß machen, auch wenn sie dich fordert. Mit der Zeit wird dir auffallen, dass du immer flotter entscheidest und somit nicht nur Zeit gewinnst und ewiges Grübeln eindämmst, sondern dadurch auch innere Ruhe erfährst.

Tipp Nr. 12

Ohrstöpsel

Besorge dir Ohrstöpsel und verwende diese bei Fahrten mit den öffentlichen Verkehrsmitteln. Die Geräuschkulisse, die dich umgibt, nimmt meist mehr Einfluss auf deinen Gemütszustand, als du weißt. Damit sind nicht nur die fremden zwischenmenschlichen Dialoge oder Telefonate gemeint, welche du bewusst und unbewusst wahrnimmst. Es gibt außerdem Frequenzen, die wir nicht bewusst wahrnehmen. Diese wirken sich aber trotzdem auf unser Gemüt aus. Verwende Ohrstöpsel daher auch beim Einkaufen oder im Kino. Es klingt banal und doch erweist sich dieser Tipp immer wieder als sehr bereichernd. Ich habe diesbezüglich stets positive Erfahrungsberichte erhalten. Es gibt spezielle Ohrstöpsel für den Schlaf oder welche für die Reise mit dem Flugzeug et cetera. Sie haben jeweils eigene Filter eingebaut, die bestimmte Frequenzen abblocken. Für den Schlaf reichen meist schon die günstigsten, die du finden kannst, für den Trip durchs Einkaufscenter erweisen sich vielleicht eher die, die etwas mehr kosten, als passend.

Auch kannst du dir welche speziell an dein Ohr anpassen lassen. Im Internet findest du schnell verschiedene Anbieter dafür. Probiere jedoch zunächst die Günstigsten. Oft reichen diese schon völlig aus. Wenn nicht, teste mehrere. Wenn neun Ohrstöpsel kaum helfen, das 10. Paar aber dann genau deinem Bedürfnis entspricht, hat sich jede Investition definitiv gelohnt. Deine Lebensqualität kann sich durch solche Kleinigkeiten enorm steigern. Spare nicht am falschen Fleck, sondern sei dir selbst etwas wert. Investiere in dich und in dein Wohlbefinden, immerhin verbringst du noch dein ganzes Leben mit dir.

Tipp Nr. 13

Musik an, Welt aus?

Hochsensible Menschen lieben es, Musik zu hören, die ihren Gefühlen Ausdruck verleiht. Klar, eine Welt ohne Musik ist undenkbar. Gewissermaßen erweist sie sich als Balsam für die Seele. Das Universum ist Klang, so heißt es bekanntlich. Doch gibt es auch viele Menschen, die sich mit dem Konsum von Musik regelrecht in eine emotionale Abwärtsspirale stürzen. Musik ist einerseits in der Lage, uns aufzubauen, aber andererseits kann sie uns auch Gefühle länger fühlen lassen, als es uns eigentlich dienlich wäre. So hören Teenager beispielsweise traurige Liebeslieder, wenn sie von ihrem Partner enttäuscht oder verlassen wurden.

Generell gibt es viele verschiedene Motive und Musik kann uns sicherlich auch unterstützend in Trauerphasen, welche sehr wichtig sind, begleiten. Aber es gibt oftmals einen Punkt, an dem uns die Musik schleichend instabiler macht, statt uns weiterhin zu stützen. Es gibt eine Grenze. Diese ist bei jedem einzelnen individuell zu ziehen. Das bedeutet, dass es an dir liegt, dies genauer unter die Lupe zu nehmen.

Falls du also jemand bist, der mithilfe von Musik leichter durch unangenehme Lebensphasen kommt, achte auf den rechtzeitigen Absprung. Traurige Musik kann dir durch traurige Zeiten helfen, aber irgendwann kann sie dich auch depressiv werden lassen, sofern du dafür anfällig bist.

Vielleicht hast du dir diesbezüglich noch nie Gedanken gemacht. Möglicherweise denkst du, dass du niemals zu viel Musik hören könntest, weil du sie liebst. Aber „Musik an, Welt aus" ist nicht immer beziehungsweise nicht zwingend auf Dauer gut. Lenke dich ab, wenn notwendig, aber ziehe in Betracht, dass es auch hier nicht sichtbare Grenzen gibt, die du besser ausfindig machen solltest. Gut gemeint ist nicht immer gut getan, das weißt du bestimmt.

Wie in vielen Bereichen ist auch beim Konsumieren von Musik das gesunde Mittelmaß, sowie der bewusste Umgang wichtig. Achte auf die Musikrichtung, auf die jeweiligen Botschaften der Texte, die Wirkung der Klänge und auch bewusst darauf, welche Emotionen diese in dir hervorrufen. Musik ist eben nicht „nur" Musik. Sie hat erheblichen Einfluss auf uns. Sie ruft Emotionen hervor und lässt Gedanken entstehen. Es ist längst kein Geheimnis mehr, dass der Gedanke zum Wort und das Wort letztlich zur Tat wird. In Bezug auf den Konsum von Musik ist diese Weisheit vielsagend.

Gerade Hochsensible laufen Gefahr, sich von Musik aufgrund ihrer feinen Sensorik schneller vereinnahmen zu lassen. Letzten Endes soll Musik ein Teil deines Lebens sein, wenn du das möchtest. Sie soll Spaß und Freude bereiten, dich unterstützen, deinen Gefühlen den richtigen Ausdruck verleihen. Mit gewisser Achtsamkeit deinerseits ist dies auch ohne viel zu grübeln möglich, gar keine Frage. Abschließend zu diesem Tipp ein Spruch, der mir sehr gut gefällt:

„Egal wo sich die Gefühle gerade verstecken. Musik findet sie immer."

Tipp Nr. 14

Die Auswirkungen von Essen

Dank etlicher Studien wissen wir heute, dass Lebensmittel unsere Psyche beeinflussen. Was wir essen und trinken beeinflusst unsere Gefühlslage und unsere Sinneswahrnehmungen. Unsere Nahrung wirkt auf Schaltkreise, welche unsere Gefühle tatsächlich steuern. Nicht umsonst ist dein Lieblingsessen eben dein Lieblingsessen. Es ruft bestimmte Assoziationen in dir hervor. Denke an deine Lieblingsspeise und achte darauf, was das in dir auslöst. Höchstwahrscheinlich ist es Freude und eventuell zaubert es dir ein Lächeln ins Gesicht. Hingegen kannst du klarerweise auch Ekel empfinden, wenn du an Nahrungsmittel denkst, die dir überhaupt nicht schmecken. Allein der Gedanke an den Geschmack oder etwa der Geruch davon können dich völlig unterschiedlich empfinden lassen.

Hochsensible sollten selbst die „ganz normalen" und alltäglichen Abläufe einmal mehr ins sanfte Verhör nehmen. In Bezug auf die Gefühlslage kann sehr vieles unscheinbar, aber heimtückisch sein. Bewusstes Speisen ist allgemein wichtig, für Hochsensible aber noch bedeutender, weil sie aufgrund ihrer ausgeprägten Wahrnehmung auch in diesem Bereich mehr von den Auswirkungen spüren und fühlen. Finde unter anderem heraus, ob dir Gluten wohlbekommt und gestalte deine Ernährung entsprechend. Auch kannst du auf Fruktose oder auf Laktose mit Unwohlsein reagieren und so weiter. Gemeint ist hier nicht nur die körperliche, sondern allem voran die psychische Reaktion. Denn möglicherweise hast du dich an den jeweiligen psychischen Zustand bereits so sehr gewöhnt, dass dir eine höhere Lebensqualität durch die Umstellung deiner Ernährungsgewohnheiten gar nicht in den Sinn kommt. Beobachte mal ganz genau, wie du dich fühlst, wenn du bestimmte Nahrungsmittel zu dir nimmst. Achte auf deine Stimmung in den Minuten und Stunden danach.

Dass uns der Konsum von Schokolade glücklich stimmen kann, weißt du bestimmt. Aber weißt du auch, welche Nahrungsmittel uns beziehungsweise dir unauffällig mehr schaden als guttun? Dies bei sich selbst herauszufinden, heißt auch, sich selbst wirklich kennenzulernen. Ich persönliche habe knapp 20 Jahre lang Tiere gegessen. Ich habe mich so ernährt, wie „man" sich eben ernährt. In meiner Familie wurde nie daran gedacht, dass sich diese Art der Ernährung nachteilig auf unseren Allgemeinzustand auswirken könnte. Auch in der Schule wurde dies nie hinterfragt. Ich musste es also selbst tun und abgesehen von meinem Hautbild, meinem Blutbild und meiner Darmgesundheit, hat sich mein allgemeines Lebensgefühl erheblich zum Positiven verändert. Mir scheint, als ob meine Lebensenergie nun viel freier fließen kann. Davor wusste ich nicht einmal, dass sie in gewisser Weise blockiert war.

Ich dachte tatsächlich, dass ich geistig fit bin und konnte mir kaum vorstellen, wie frei und leicht man sich fühlen kann. Dies bekam ich erst im Laufe der Jahre nach der Umstellung meiner Ernährungsweise ganzheitlich zu spüren. Wenn du dich relativ unbewusst ernährst und gleichzeitig davon ausgehst, dass sich deine Lebensqualität nicht deutlich steigern lässt, irrst du dich gewaltig. Kleinste Details können große Veränderung herbeiführen. Ich habe beispielsweise von jemandem gehört, der gar keine Albträume mehr hat, seitdem er auf Nahrungsmittel verzichtet, welche Hefe enthalten. Das hat er zufällig herausgefunden, nachdem er in einen anderen Bezirk gezogen ist, in dem es keine Pizzeria in unmittelbarer Nähe gab. Sein Schlaf hat sich verbessert, aber immer dann, wenn er auch andere Lebensmittel mit Hefe zu sich nahm, träumte er schlecht. Viele Jahre versuchte er alles (Un)Mögliche, um seinen Schlaf positiv zu beeinflussen, dabei war es letztlich so einfach. Ja, so kann es auch laufen, aber wisse, dass du dein Lebensgefühl nicht dem Zufall überlassen musst. Du hast viel mehr Einfluss darauf, als du aktuell vermutlich meinst.

Ja, du bist, was du isst. Dieser Spruch lässt sich mittlerweile sogar wissenschaftlich erklären. Viele Speisen enthalten Bestandteile, welche ihre Wirkung unmittelbar im Gehirn entfalten, nachdem sie vom Darm aufgenommen und über die Blutbahn weitergeleitet wurden. Hierbei spielen Hormone, Botenstoffe, Aminosäuren und so weiter eine bedeutende Rolle. **Mit anderen Worten:** Du fühlst, wie du isst, also iss, wie du dich fühlen möchtest! Auch Lebensmittel haben eine gewisse Schwingung, welche du beim Essen aufnimmst. Hochsensible Menschen reagieren auf gewisse Speisen meistens viel stärker als der Durchschnitt. Diesbezüglich ist also erhöhte Achtsamkeit absolut notwendig, um sich insgesamt wohler, unbeschwerter, psychisch stabiler und somit glücklicher zu fühlen. Nicht jedes Lebensmittel ist auch wirklich eines. Zumindest verdient meines Erachtens nicht jedes Lebensmittel auch diese Bezeichnung.

Tipp Nr. 15

100 Energiepunkte

Angenommen, dir stehen für einen kompletten Tag genau 100 Energiepunkte zur Verfügung. Wie würdest du diese einsetzen? Worin und in welchen Anteilen würdest du diese investieren? Eine Tabelle kann dir ungemein dabei helfen, dich nicht zu verausgaben. Ganz bedacht zu investieren, hilft dir außerdem dabei, dein Bestes zu geben, und somit maximale Ergebnisse zu erzielen, ohne dass sich gleich das nächste Burn-out entschlossen auf den Weg zu dir macht. Mit einer 100-Punkte-Energie-Tabelle kannst du maximalen Erfolg einfahren, sowohl im beruflichen als auch im privaten Bereich. So behältst du den Überblick über deine Krafteinteilung. Du kannst dir bereits am Vorabend überlegen, wie du deine 100 Punkte am nächsten Tag einsetzen wirst und dies entsprechend in die Tabelle eintragen.

Auch kannst du dies direkt nach dem Aufstehen machen, um den Tag zu planen. Es könnte Teil deiner Morgenroutine werden. Wenn du es lieber spontaner angehen möchtest, kannst du die Liste auch erst im Laufe des Tages, je nach Gefühlslage, ausfüllen. Du kannst die Liste stets dabeihaben, um zwischendurch quasi eine Investition zu tätigen. Auf der nächsten Seite findest du ein Beispiel, damit du weißt, wie das praktisch aussehen kann. Darauf folgt eine leere Tabelle, damit du dies gleich morgen selbst testen kannst.

~ Die 100 Energiepunkte Tabelle ~

Sport		20 Energiepunkte
Einkaufen		24 Energiepunkte
Tom treffen		10 Energiepunkte
Büro Meeting		26 Energiepunkte
Telefonat mit Paula		5 Energiepunkte
Aufräumen		12 Energiepunkte
Bild malen		3 Energiepunkte

~ Die 100 Energiepunkte Tabelle ~

		Energie punkte
		Energie punkte
		Energie punkte
		Energie punkte
		Energie punkte
		Energie punkte
		Energie punkte

Tipp Nr. 16

Kreativität fördern und fordern

Um mit all den Eindrücken fertig zu werden, mit denen du als hochsensibler Mensch üblicherweise zu jonglieren hast, brauchst du definitiv ein Ventil. Eines, das nicht nur Mittel zum Zweck ist, sondern dir auch Spaß und Freude bereitet. Durch kreatives Schaffen kannst du die Gedanken und Gefühle, welche sich mit der Zeit in dir angesammelt haben, in deine persönlichen Projekte einfließen lassen. Ein Bild auf eine Leiwand zu malen, kann sehr viel zu deiner inneren Balance beitragen, sofern dir das liegt. Vielleicht lebst du deine Kreativität beim Zeichnen aus oder du singst gerne. Wenn du gerne tanzt, dann mach das. Dabei ist es gar nicht wichtig, ob du es gut kannst. Wichtig ist nur, dass du es gerne machst. Alles, was du gerne machst, machst du mit der Zeit automatisch gut. Was auch immer zu dir passen mag. Hauptsache du findest einen Weg, um deine Kreativität regelmäßig ausleben zu können. Halte dieses Ventil aufrecht, trage dir für das Ausleben deiner kreativen Seite fixe Zeiten im Kalender ein und halte dich auch daran. Als hochsensibler Mensch brauchst du das, damit deine Lebenskraft nicht schwindet. Unterscheide bitte stets zwischen Lebenskraft und Überlebenskraft. Du hast das Recht auf ein glückliches Leben voller Freude, also darfst du dich auch durch kreatives Schaffen ausleben und zeitgleich aufladen, um in deine Kraft zu kommen. Falls du „keine Zeit" dafür hast, nimm sie dir endlich!

Tipp Nr. 17

Nimm dir Zeit für Hobbys und höre auf deine innere Stimme!

So wie mit der Kreativität eines Hochsensiblen verhält es sich auch mit seiner Leidenschaft beziehungsweise mit seinem

Hobby. Du blühst höchstwahrscheinlich dann besonders auf, wenn du deine Leidenschaft gefunden und diese auch in deinen Lebensstil integriert hast. Hier spreche ich absichtlich nicht von dem eben genannten Ventil. Meiner Überzeugung nach solltest du dir neben dem bereits erwähnten kreativen Ventil einen zusätzlichen Freiraum schaffen, damit dein Leben nicht zu kurz kommt. Das Ausleben deiner kreativen Ader ist gut, wichtig und schön, aber eine weitere Quelle zu haben, aus der du Kraft und Energie schöpfen kannst, ist sicher kein Nachteil.

Ich empfinde die heutige Zeiteinteilung der meisten Menschen als Angriff auf das eigene Naturell, welches sich eigentlich entfalten und auf verschiedene Weisen selbst erfahren möchte. Scheinbar haben sich die allermeisten darauf geeinigt, maschinenartig zu funktionieren und keine kritischen Fragen in Bezug auf die eigene Freiheit zu stellen. Es mag Menschen geben, denen mangelnde Freizeit überhaupt nichts ausmacht, aber ich habe noch keinen einzigen Hochsensiblen getroffen, den ich dazu zählen würde. Ein hochsensibler Mensch fühlt und spürt mehr. Er erfährt das Leben intensiver, weil er mehr wahrnimmt und mitbekommt. Während der eine jahrzehntelang funktionieren kann, ohne seinen monotonen Lebensablauf zu erkennen, wird der Hochsensible krank, wenn er seinem wahren Wesen nicht genügend Freiheit einräumen kann. Er muss seiner inneren Stimme zuhören, wenn er gesund bleiben möchte. Somit ist ein Zeitfenster, in welchem du einem deiner Hobbys nachgehst, etwas, das du dir gegen jegliche Meinung von außen zugestehen solltest. Zeit hat man nicht, Zeit nimmt man sich.

Bist du jemand, der seine Lebenszeit in Dinge investiert, die ihm eigentlich kaum Freude bereiten? Arbeitest du beispielsweise Vollzeit in einem Job, der dich vom regelmäßigen Ausleben deines Hobbys abhält? Sind deine freien Tage gerade mal so lang, dass du dich körperlich und geistig bestenfalls halbwegs erholen kannst, um dann wieder wie üblich zu funktionieren? Hast du vielleicht fremde Verantwortungen übernommen, welche dir wertvolle Lebenszeit kosten? Kümmerst du dich generell viel mehr um andere als um dich selbst? Wenn ja, wisse, dass du dich auch dagegen entscheiden kannst, wenn du wirklich willst. Letztlich machst du all das freiwillig, auch wenn das auf den ersten Blick nicht so scheint. Ein Monat hat über 700 Stunden. Schau dir einmal ganz nüchtern an, wie du diese verbringst. Schreib es gerne auf ein Blatt Papier, damit du es schwarz auf weiß vor deinen Augen hast. Und danach frage dich bitte, ob du wirklich auf die Welt gekommen bist, um deine Lebenszeit genau so zu verbringen. Stelle und beantworte dir diese Frage wirklich. Möglicherweise hast du deinen Traumjob bereits gefunden und verdienst damit genug Geld. Vielleicht grenzt du dich auch schon gekonnt ab, wenn es darum geht, sich für andere im übertriebenen Maß einzusetzen. Falls es dir leicht fällt, im richtigen Moment Nein zu sagen, ist das wunderbar! Und wenn du die meiste Zeit des Tages, in der Woche, des Monats, des Jahres, deines Lebens wirklich das tust, was dich von innen heraus mit Glück erfüllt und dich jeden Tag mit einem breiten Grinsen aufstehen lässt, dann überfliege dieses Kapitel. Gratulation, denn dann gehörst du zu den wenigen, die ihrer inneren Stimme zuhören und vertrauen.

Diejenigen, die es trotz etlicher Schablonen, Vorgaben und lähmender Dogmen der Gesellschaft wagen, für sich selbst und ihre innersten Wünsche einzustehen, leben meist kein „perfektes", aber ein glückliches Leben. Du darfst dir deine 700 Stunden neu einteilen. Du darfst glücklich sein. Du darfst mehr Freizeit haben, um deinen Hobbys nachzugehen, welche die Lebensfreude in dir hervorrufen. Eine Veränderung ist immer möglich, wenn auch nicht von heute auf morgen. Denke jedoch auf lange Sicht und mache nicht den Fehler, zu glauben, dass sich an deinen Umständen überhaupt nichts ändern kann, nur weil es sich vielleicht momentan so anfühlt. Du darfst, kannst und solltest an einer Veränderung auf lange Sicht basteln, wenn diese dich freier und glücklicher machen würde. Ob im privaten oder im beruflichen Bereich – höre und vertraue auf deine innere Stimme und handle danach. Alles schön langsam, aber stetig. Alles in deinem eigenen Tempo. Deine innere Stimme kann dir einen Weg ebnen, der sich bereits beim Gehen so anfühlt, als wäre er das Ziel.

Höre auf deine Innerlichkeit und wenn du es bisher nicht oder deutlich zu wenig getan hast, dann lerne, ihr wieder zu vertrauen. Wenn du magst, nenne es Bauchgefühl oder „höheres Ich“ – oder eben deine innere Stimme. In Wirklichkeit weißt du in deinem Inneren am allerbesten, wie du dich selbst behandeln musst, um zufrieden zu sein. Klar, aufgrund des alltäglichen Lärms neigen wir manchmal dazu, unsere innere Stimme zu überhören. Manchmal wollen wir sie auch überhören oder wir lassen sie bewusst verstummen, damit wir uns nicht eingestehen müssen, dass wir nicht selbstbestimmt leben. Doch gerade als Hochsensibler solltest du so früh wie möglich dazu übergehen, wieder auf deine Innerlichkeit zu hören. Je eher du deiner inneren Stimme nachkommst, desto selbstbestimmter kannst du dein Leben im Außen gestalten. Dein energetischer Fluss kann nur dann frei fließen, wenn du tust, was du liebst. Hingegen erzeugst du innere Blockaden, die dich ungesund machen, wenn du zu viel Zeit mit sogenannten „Verpflichtungen“ verbringst. Eigenverantwortung zu übernehmen ist wichtig, keine Frage. Aber schenke deiner inneren Stimme mehr Gehör und deinen limitierenden Glaubenssätzen weniger Aufmerksamkeit. Dein jetziges Leben ist relativ kurz, vergiss also bitte nicht, zu leben.

Tipp Nr. 18

Verlängerte Ausatmung

Dass die richtige Atemtechnik im stressigen Alltag Gold wert sein kann, hast du bestimmt schon gehört oder gelesen. Es gibt sehr viele verschiedene Methoden mit teilweise unterschiedlichen Zielen. Die simpelste Atemtechnik besteht meines Erachtens aber darin, zwei Sekunden länger auszuatmen, als man zuvor eingeatmet hat. Wissenschaftlich lässt sich nachweisen, dass dies unserem Unterbewusstsein Ruhe signalisiert. Atmen wir hingegen länger ein, als aus, so signalisieren wir Gefahr. Zähle also ruhig einmal die Sekunden, wenn du einatmest. Wenn es beispielsweise zwei sind, so atme vier Sekunden lange aus. Bei drei Sekunden, atme fünf Sekunden lange aus und so weiter. Diese Technik kannst du immer und überall anwenden. Beim Lesen von unangenehmen Nachrichten, beim Durchkreuzen einer Menschenansammlung, bei der Blutabnahme, nach dem Aufwachen aus einem Albtraum und so weiter. Unterwegs kannst du deine Schritte als Maß verwenden. Atme dann beispielsweise drei Schritte lang ein und fünf wieder aus. Selbst mitten in einem hitzigen Streit kannst du gezielt länger ausatmen, um deine Nervosität zu verringern. Auch kannst du dich dieser Methode bedienen, um in einem wichtigen Gespräch souverän zu bleiben. Dein Gegenüber muss davon nicht einmal etwas mitbekommen, wenn du das nicht magst. Probiere diese Atemübung gerne jetzt einmal aus.

Erkrankungen

Erkrankungen, die im Zusammenhang mit Hochsensibilität stehen beziehungsweise die dadurch katalysiert werden können, sind meistens psychosomatische Störungen, Depressionen, vegetative Dystonien, jegliche Anpassungsstörungen oder, vor allem bei jüngeren Menschen, das sogenannte AD(H)S, dessen Auslegung nach wie vor umstritten ist.

Im schlimmsten Fall werden die Probleme der Menschen gar nicht anerkannt und sie werden als Hypochonder oder psychisch labil abgestempelt. Wenn die vorgegebenen Kriterien einer bestimmten psychischen Störung nicht erfüllt werden, dann könnten die Symptome und Reaktionen durchaus Folgen der Reizüberflutung sein – so unspektakulär das auch klingt. Ängste, Verstimmungen und Lethargie sind eben nicht immer zwingend Symptome einer Störung, sondern oftmals bloß die normale Folge einer völligen Überlastung.

In der Praxis ist es jedenfalls nicht immer einfach, einen klaren Strich zwischen psychischen Störungen und/oder der Hochsensibilität zu ziehen. Psychotherapeuten beschweren sich gar, dass sie heutzutage oftmals „Lebenskrisen“ behandeln müssten und keine wirklichen psychischen Störungen, da wir in einer Zeit leben, in der zwar generell mehr kommuniziert wird, die Menschen aber dennoch eher vereinsamen. Auch ist es schwer, zu diagnostizieren, ob das Problem nun „im“ Patienten steckt oder ob die Reaktion des Menschen nicht eigentlich verständlich beziehungsweise „normal“ ist, während das Problem einfach in der modernen Leistungsgesellschaft steckt. Oft stellt sich dann die Frage: Wer hat überhaupt die Anpassungsstörung? Ist es wirklich der Mensch oder ist es der aktuelle Zeitgeist, der nicht mit den inneren Bedürfnissen der Menschen kompatibel zu sein scheint? Möglicherweise führen gerade die unnatürlichen Lebensweisen zu gewissen Abwehrreaktionen oder Hilferufen des Körpers und/oder der Psyche.

Rational betrachtet kann die Hochsensibilität vielleicht auch als Frühwarnsystem verstanden werden. Hochsensible Menschen schlagen früh Alarm, während andere zum gleichen Zeitpunkt keine Gefahr erkennen, nicht erkennen wollen oder eben können. Ich vergleiche es mit dem bekannten Beispiel mit dem Frosch, der im Kochtopf verweilt und nicht hinausspringt, obwohl das Wasser langsam, aber stetig heißer wird und schließlich sogar kocht. Dem Hochsensiblem fällt die steigende Hitze im Wasser früh auf. Somit wird er unruhig und springt rechtzeitig aus dem Kochtopf. Ein anderer spürt den Anstieg der Temperatur nicht und bleibt daher so lange im Topf, bis das Wasser kocht und dann ist es zu spät.

Im Prinzip lassen sich die möglichen Erkrankungen vor allem auf den enormen Stress zurückführen. Denn ein dauerhaft erhöhtes Stresslevel, überlastet das vegetative Nervensystem. Dauerstress kann folgende Auswirkungen mit sich bringen: Bluthochdruck, chronische Magen-Darm-Erkrankungen, Muskelverspannungen, Schmerzzustände, Herzrasen, Einschränkung der körperlichen Beweglichkeit, schwere Atmung, ein geschwächtes Immunsystem, erhöhtes Entzündungsrisiko, Depressionen. Auch die Konzentrations- und Merkfähigkeit kann in Mitleidenschaft gezogen werden. Schlafstörungen treten ebenfalls in Verbindung mit extremen

Stresszuständen auf. Zu diesen Symptomen kommt es also bei Menschen, die ihren Körper und Geist permanent überfordern, indem sie ihre Hochsensibilität nicht anerkennen beziehungsweise ihr nicht den Raum erlauben, den sie braucht. In der Stille kommen wir zur Ruhe und in ihr existiert kein ungesunder Stress. Genau da müssen Hochsensible hin, damit sie sich auf Dauer im hektischen Tumult des Alltags zurechtfinden. Im Zuge des Dauerstresses schüttet der Körper nämlich nicht nur Adrenalin, sondern – wie bereits in einem vorherigen Kapitel angeschnitten – auch Cortisol aus. Cortisol hält den Menschen in ständiger Alarmbereitschaft und wird auch nur schwer wieder abgebaut. Kommt es nicht zur Erholung, erhöht sich der Cortisolspiegel stetig und so wird der eigene Organismus zur Zielscheibe für mögliche Erkrankungen.

Im Übrigen gibt es auch noch weitere Erkrankungen und Krankheitsbilder, die im Zuge einer vorliegenden Hochsensibilität genauer inspiziert werden sollten, da die Hochsensibilität hier als Katalysator wirken könnte. Dabei handelt es sich zum Beispiel um Asthma, Heuschnupfen aber auch um Umwelterkrankungen (multiple Chemikalien-Sensitivität). Dass Stimulanzien wie Alkohol oder Nikotin schlecht vertragen werden, weißt du bereits. Außerdem geht man davon aus, dass sich Hochsensible eher vergiften können, was mit Stoffwechselstörungen zusammenhängen könnte.

Auch könnten sie anfälliger für Nebennierenschwächen und/oder Blasenschwächen sein, da diese auftreten, sobald Stresszustände länger andauern. Dass Angststörungen entstehen können, ist auch nur logisch, denn wer seine Hochsensibilität nicht geschickt ausbalanciert oder eben sogar kaum über sie und all ihre Begleiterscheinungen aufgeklärt ist, wird in vielen Situationen des Lebens überfordert sein.

Damit möchte ich verdeutlichen, dass hochsensible Menschen über ein feines Frühwarnsystem verfügen. Ein Frühwarnsystem, welches sie eigentlich rechtzeitig vor Schaden beschützen und sie dazu verleiten will, sich mit sich selbst und mit der eigenen Situation auseinanderzusetzen – eigentlich eine wundervolle Nachricht. Einen weiteren Zusammenhang kann es zwischen der Hochsensibilität und Allergien geben. Auch eine Allergie stellt eine Überreaktion des Körpers dar. Dazu kommt es, wenn das Immunsystem nicht mehr dazu in der Lage ist, zwischen schädlichen und harmlosen Substanzen zu unterscheiden. Allergien richten sich beispielsweise gegen Pollen, Nüsse oder Eier. Hochsensible Menschen erleben diese Reaktionen intensiver, wodurch die Allergie verstärkt zum Ausdruck kommt. Wer bei seinem Kind feststellt, dass es sich gegen die kratzenden Zettel der Hose oder gegen das vermeintlich stinkende Waschmittel wehrt, der sollte sein Kind nicht zur Vernunft zwingen wollen, sondern eher auf das Kind eingehen und entsprechend Abhilfe schaffen. Allgemein sollten Äußerungen von hochsensiblen Kindern nicht voreilig als übermäßiges Jammern abgetan werden. Eine gewisse Hellhörigkeit kann von Vorteil sein.

EIGENDIAGNOSE GEHT MANCHMAL IN DIE HOSE

Ein Hochsensibler braucht seinen Raum, damit er gesund bleiben kann. Diesen gilt es unbedingt einzufordern – und zwar von sich selbst. Ist das nicht der Fall, leidet die eigene Psyche enorm darunter. Dies muss unbedingt zu einhundert Prozent verstanden und entsprechend gelebt werden. In diesem Buch wiederhole ich das bewusst. Ich weiß nämlich, dass hochsensible Menschen diesen oft gehörten Hinweis reflexartig abnicken, sich daraufhin zustimmend umdrehen und dann aber genau so weitermachen wie zuvor. Erfahrungsgemäß machen sie dann so lange weiter, bis die angeschlagene Psyche wieder anklopft. Dann kommen sie wieder und fragen um Hilfe, bekommen denselben Hinweis wie sonst auch immer und das ganze Spiel geht von vorne los. Das machen hochsensible Menschen natürlich nicht mit böser Absicht oder gar gerne.

Im Grunde suchen sie nach Hilfe, aber bei diesem Punkt muss sich der Hilfesuchende definitiv selbst helfen. Die Tür kann man ihm zeigen, auch kann man sie bereits öffnen, aber hindurchgehen muss jeder selbst – so hart das auch scheint. Lieber einmal fokussiert hinschauen und zielorientiert handeln, als unentwegt dahinstolpern und sich selbst mit allen (un)möglichen Etiketten und Diagnosen zum weiteren Aufschieben antreiben. Du musst dich nicht krampfhaft mit Selbstdiagnosen herumschlagen. Viele Hochsensible berichten über die Auflösung sämtlicher Krankheitssymptome, nachdem sie sich mit ihrer Hochsensibilität ausreichend auseinandergesetzt und sich selbst endlich verstanden haben.

Dass es generell psychische Störungen gibt und Methoden, die zur Gesundung führen können ist klar. Aber ich denke auch, dass Diagnosen viel zu oft voreilig erstellt werden, vor allem von einem selbst. Zu oft machen wir aus einer Fliege einen Dinosaurier. Ja, in der Regel sind hochsensible Menschen anfälliger für psychische Erkrankungen. Begründen könnte man das vielseitig, aber vereinfacht lässt sich sagen, dass die

Zahnräder der Psyche häufig dann ins Schlottern kommen, wenn man mit dem Verarbeiten sämtlicher Informationen nicht mehr hinterherkommt. Daraus resultieren viel mehr Krankheiten, als wir glauben. Dies ist zumindest meine eigene Einschätzung. Es muss also stets der Raum da sein, um all das Erlebte genügend reflektieren und in Ruhe verarbeiten zu können. Dann braucht es auch kaum jemanden im Außen, der einem erzählt, ob und wie krank man angeblich sei.

Um hochsensible Menschen richtig einzuschätzen, bedarf es meines Erachtens jemanden, der selbst sensibel genug ist, um sein Gegenüber ganzheitlich wahrzunehmen zu können. Ist das nicht der Fall, sollte wenigstens das nötige Wissen über Hochsensibilität vorhanden sein, damit nicht voreilig und falsch diagnostiziert und der Hilfesuchende folglich völlig irrsinnig behandelt oder therapiert wird. Wenn da ein Problem gesehen wird, wo keines ist, hat man eines erschaffen.

Umgekehrt wisse bitte auch, dass ein tatsächliches Problem nicht verschwindet, wenn man es leugnet. Ich habe bereits einige Menschen getroffen, die destruktiv lebten. Viele davon konnten ihren Pfad der Selbstzerstörung nicht erkennen und wehrten jeden Hinweis reflexartig, mit dem Argument der eigenen Hochsensibilität, ab. Sie waren nicht in der Lage, das einzusehen, was momentan tatsächlich ist. Das stellt definitiv ein Problem dar, welches man auf gesunde Art und Weise beleuchten und lösen sollte. Um es in Reimform auf den Punkt zu bringen:

„Weder du noch irgendwer sollte Öl ins
Feuer schenken. Denn wisse eins:

Manch Feuer gibt es nur, weil wir dran
denken.“

Wenn die Seele nicht mehr kann

Jedes Signal hat einen Absender. Stehst du mit diesem in direktem Austausch, kann dich kaum etwas überraschen. Sind Körper, Geist und Seele im Einklang, bleibst du sehr wahrscheinlich gesund. Hingegen bist du logischerweise anfälliger für Krankheiten, wenn du zu oft für eine Dysbalance sorgst. Das passiert schon einmal schneller, als ein Hochsensibler meint. Die stummen Schreie der Seele werden häufig (absichtlich) überhört und so kommt es zu körperlichen Beschwerden.

„Geh du vor", sagt die Seele zum Körper, „auf mich hört er einfach nicht. Vielleicht hört er ja auf dich."

„Ich werde krank werden, dann wird er Zeit für dich haben müssen", erwidert der Körper.

Gibt es etwas, das du eigentlich schon lange unterdrückst? Lebst du tatsächlich ein Leben, das dich glücklich sein lässt? Ich meine nicht nur so ein bisschen glücklich, sondern so richtig. Gibt es etwas, das dir deine Seele schon lange sagen möchte? Etwas, das du, warum auch immer, absichtlich überhörst? Hochsensible Menschen leiden unter ihrer Überanpassung, merken das aber nicht, weil sie zu selbstlos handeln. Sie unterdrücken ihre eigenen Wünsche, stellen die Bedürfnisse ihres Herzens hinten an und meinen, alles richtig zu machen, wenn sie einen Kompromiss nach dem anderen eingehen. Mit den Jahren ergibt sich daraus ein Leben, das mit den Herzenswünschen des Hochsensiblen nur noch ganz wenig gemein hat. Wegen der defizitären Selbstliebe, der viel zu geringen Selbstachtung, wird dann die Aussage: „Es ist, wie es ist. Ich habe es mir ja selbst ausgesucht" herangezogen, um geduldete Missstände zu beschwichtigen. Die Wahrheit ist aber, dass es nie zu spät für Veränderung ist. Man ist nie zu alt, sondern maximal zu ängstlich für Veränderung. Bitte gib dir Mühe, um deine Körpersignale richtig zu deuten. Es könnten wichtige Botschaften deiner Seele sein, welche dich durch den Körper versuchen zu erreichen. Trainiere dein Körpergefühl, dann brauchst du niemand anderen zu fragen, wie es dir geht. Stehe in Kontakt mit dir selbst, dann erhältst du alle Informationen über dich und deinen gesundheitlichen Zustand als erstes. Deine Seele spricht zu dir, also hör ihr bitte zu. Dein Körper spricht zu dir, also hör ihm bitte zu.

Vielleicht haben deine Kopfschmerzen einen ganz anderen Ursprung, als du vermutest. Vielleicht schmerzt dein Rücken nicht vom Sport. Möglicherweise verstecken sich hinter deinen Allergien ganz andere Botschaften, die dich schon seit sehr langer Zeit erreichen wollen. Bauchschmerzen, Magenprobleme, Darmbeschwerden, Migräne, Atemwegsbeschwerden, Hautkrankheiten und so weiter. Du kannst noch so oft zum Arzt eilen, um weiterhin jene Symptome zu bekämpfen, die vielleicht eine Ursache haben, die du tief in deinem Inneren eigentlich schon kennst.

Gibt es etwas aus deiner Vergangenheit, das du dir noch nicht genau angeschaut hast? Etwas, das an dir nagt, weil du versuchst, es zu verdrängen? Unschöne Erinnerungen aus der Kindheit? Hattest du unliebsame Eltern oder einen unliebsamen Elternteil? Wurdest du von jemand anderem schlecht behandelt? Hast du selbst für Ungerechtigkeit gesorgt, die du bist heute nicht wiedergutgemacht hast? Bereust du etwas, das du nicht mehr rückgängig machen kannst? Vielleicht ist deine Vergangenheit schön, deine Gegenwart aber weniger. Lebst du heute, hier und jetzt deinem Naturell entsprechend? Oder lässt du dich unterdrücken und deine Wünsche untergraben? Gehst du zu viele Kompromisse ein? Wirst du geliebt für das, was du bist? Wird deine Einzigartigkeit aus tiefstem Herzen wertgeschätzt? Passt dein Partner ganz sicher zu dir? Oder gibst du dich halbherzig mit „Naja, eine Beziehung ist immer mit Arbeit verbunden“ zufrieden? Hochsensible Menschen können sich manchmal gar nicht mehr vorstellen, dass da draußen ihr eigentlicher Deckel rumläuft, der perfekt passt. Natürlich ist es ein ständiges Geben und Nehmen, aber ist es bei dir verhältnismäßig? Ist das Leben, das du mit deinem Partner führst, genau das Leben, welches euch beide jeden Tag zum Strahlen bringt? Oder bist du bereits so lustlos, dass diese Vorstellung für dich übertrieben klingt? Wie sehen deine Beziehungen generell aus? Verstehen dich deine Mitmenschen? Verstehen dich diejenigen wortlos, mit denen du den Großteil deiner Lebenszeit verbringst?

Hochsensible Menschen neigen dazu, alles in sich hineinzufressen. Aber was raus muss, muss raus. Wenn die Seele und ihre Anliegen ignoriert werden, schickt sie den Körper vor. Und diesen wirst du irgendwann nicht mehr ignorieren können. Du kannst deine inneren Wünsche aufschieben, dich ständig mit Sportaktivitäten ablenken, dich permanent selbst diagnostizieren, durch die Welt reisen und/oder dich in angesagte New-Age-Luftschlösser flüchten, aber das verstärkt die körperlichen Signale nur noch umso mehr. Wohin du auch gehst, du nimmst dich immer mit. Lies den letzten Satz bitte noch einmal und lass ihn kurz wirken. Du musst dich und deine Seele lieben lernen. Die Annahme und die Rückverfolgung deiner Körpersignale sind ein Liebesbeweis für deine Seele. Sie wird dir danken. Ignoriere ihre Zeichen nicht. Sie sind nicht gegen, sondern immer für dich. Nimm diese bitte ernst, lass Ängste los und schau deiner Wahrheit ins Gesicht. Du kannst nur gewinnen.

Alternative (Heil-) Methoden als Balsam für die Seele

Deine Seele braucht einen gesunden Körper, in dem sie wohnen kann. Wir alle haben unsere Strategien, mit denen wir uns selbst wieder in unsere Mitte bringen. Mal gelingt es uns mehr, mal weniger, aber ich bin sicher, auch du gibst dein Bestes. Wenn wir uns selbst kennenlernen und herausfinden, was uns wirklich wohlbekommt, können wir uns entsprechend ausrichten. Wir sparen uns viel Zeit, Stress und Disharmonien, wenn wir wissen, was wir brauchen, um die beste Version unserer selbst leben zu können. Es wäre einfach, gäbe es „die eine Methode" für alle. Menschen sind alle gleichwertig, aber eben nicht gleich. Wir unterscheiden uns, wir sind vielfältig und bunt.

Eine Methode, die dir das Gefühl gibt, im siebten Himmel zu schweben, kann ein anderer als ungemütlich und misslich empfinden. Ich möchte dir ein paar wenige Methoden aufzählen, die meiner Meinung nach viel mehr ins Bewusstsein der Menschen rücken sollten. Wir haben Scheu vor dem, was wir nicht kennen. Wir lehnen Neues reflexartig ab, doch wissen wir, dass es uns stets bereichert, wenn wir Neues ausprobieren. Nur wer vertraut und Neues wagt, kann den Zauber des Anfangs spüren.

Shiatsu

Shiatsu ist eine Technik, die in Japan entwickelt wurde, um körperliche oder psychische Beschwerden zu lindern beziehungsweise vorzubeugen. Es handelt sich dabei um eine spezielle Massagetechnik, welche mit verschiedenen therapeutischen Elementen verbunden werden kann. Grob gesagt besteht das Ziel darin, den eigenen Energiefluss wiederherzustellen, oder diesen eben aufrecht zu erhalten. Hier wird oft vom „Qi" gesprochen, der Lebensenergie, die über die Meridiane (Energieleitbahnen) fließt und unsere Organe und somit den gesamten Körper beeinflusst. Bestimmt hast du schon einmal gehört, dass jemand im sogenannten „Flow" ist.

Shiatsu kann dich tatsächlich wieder in den Flow bringen, wenn du energetische Blockaden verspürst und du der Typ für solch eine Behandlung bist. Hochsensible Menschen erfahren eine Shiatsu-Sitzung meist viel intensiver als jemand, der weniger wahrnimmt. Manche weinen sogar, weil sich innerlich endlich Dinge auflösen, die sie vorher gar nicht lokalisieren und benennen konnten. Selbst weniger sensible Menschen nehmen bei einer Shiatsu-Sitzung oftmals viel mehr wahr, als sie erwarten. Ein Hochsensibler sollte dies also ruhig einmal ausprobieren und weiterhin nutzen, falls es seinem Wesen entspricht. Shiatsu kann dir unter anderen helfen bei:

- Stress, Erschöpfung und Burn-out
- Müdigkeit oder Schlafstörungen
- Verspannungen
- Rückenschmerzen

- Magen- und Verdauungsproblemen
- Menstruations- oder Wechselbeschwerden
- Kopfschmerzen oder Migräne

- Darm- und Magenproblemen
- Verdauungsschwierigkeiten
- Unterleibschmerzen

Mit zwei kurzen Seiten in meinem Buch werde ich der Wirkung von Shiatsu natürlich nicht annähernd gerecht. Befasse dich also gerne intensiver damit, wenn du diese Methode in ihrer Ganzheit verstehen möchtest. Dennoch möchte ich hochsensible Menschen unbedingt auf diese Möglichkeit aufmerksam machen. Hochsensible nehmen den stetigen Verlust von Energie und Vitalität voreilig hin. Für sie ist es ganz normal, wenn sie sich schlapp und müde fühlen. Auch denken sie oftmals, sie wären eben „einfach so" mit einem schwachen Immunsystem ausgestattet. Aber in der Tat, liegt es durchaus nahe, dass all das nur aus dem Nichtfließen der Lebensenergie, also dem Qi, quellt. Schon eine oder wenige Sitzungen können die Selbstheilungskraft und den Stoffwechsel positiv beeinflussen, sodass sich der ganze Körper entsprechend reinigt und allgemein ein gesundes Gleichgewicht herstellt.

Akupunktur

Hinsichtlich der Akupunktur erzähle ich dir wahrscheinlich wenig Neues. Vermutlich weißt du, dass sich der Patient hier beispielsweise auf eine Liege legt, damit dann hauchdünne Akupunkturnadeln ganz gezielt an bestimmten Körperstellen platziert werden. Auch hier gibt es unterschiedliche Varianten, je nach Bedürfnis. Auch die Dauer einer Akupunktur-Sitzung ist nicht pauschal festgelegt.

Jeder von uns hat hier und da schon davon gehört, wenige von uns haben Erfahrungen mit dieser Methode gemacht. Aber auch ihre Wirkung wird meines Erachtens immer noch sehr stark unterschätzt, zumindest in unseren Breitengraden.

Wissenschaftler sind sich nicht vollkommen sicher darüber, was genau bei einer Akupunktur im Körper geschieht, aber sie wissen sehr wohl, dass die chinesische Heilmethode oft bei Erkrankungen hilft, bei denen die herkömmlichen Behandlungen erfolglos blieben. Nachweisen lässt sich aber, dass die dünnen Nadeln einen Impuls an das Gehirn senden, welches daraufhin schmerzlindernde und stimmungsaufhellende Hormone ausschüttet. Der Körper wird dadurch also mit Glückshormonen geflutet, wenn man so möchte. Eine oder mehrere Akupunktur-Sitzungen können also unter anderem helfen bei:

- allgemeinen Schmerzen
- Muskelverspannungen
- leichten Schwellungen
- Durchblutungsproblemen

- psychischem Unwohlsein
- Stress, Erschöpfung, Burn-out
- Depressiver Stimmungslage
- Nackensteifheit

Sofern du keine Nadelphobie hast, lege ich dir ans Herz, auch diese Methode auszuprobieren. Wenn du nur ein bisschen Angst vor Nadeln hast, versuche vielleicht, über deinen Schatten zu springen. Es ist nicht annähernd so schlimm, wie man sich das im Kopf zusammenreimt. Es könnte sich definitiv lohnen und dein Leben bereichern. Wenn dieses Werkzeug dazu dienen kann, deine allgemeine Lebensqualität zu steigern, dann behalte es! Viele Menschen berichten von einer sofort spürbaren Wirkung. Sie fühlen sich schon während, aber auch länger nach der Sitzung noch aufgeladen. Meiner Meinung nach wäre es daher gar nicht so verkehrt, wenn wir Akupunktur mit zwei K schreiben.

Intervallfasten

Bei hochsensiblen Menschen geht nicht nur die Liebe durch den Magen. Die oft erwähnte Reizüberflutung, Groll, Ärger, Streit und Kummer machen sich auch stark im Bereich des Magens bemerkbar. Umso wichtiger ist es, dass du bewusster isst. Nun möchte ich dir hier nicht unbedingt sagen, was du essen kannst, aber wann du essen beziehungsweise nicht essen könntest. Beim Intervallfasten geht es nämlich auch wieder darum, dem eigenen Körper die Möglichkeit einzuräumen, sich selbst zu reinigen, damit wichtige Heilungs- und Regenerationsprozesse stattfinden können. Diese treten meistens nach ungefähr 14 Stunden des Fastens auf.

Wenn du also deine letzte Mahlzeit beispielsweise um 19 Uhr zu dir nimmst, isst du frühestens erst wieder am nächsten Tag um 09:00 Uhr. Du wirst nicht nur ruhiger schlafen und besser träumen, sondern einigen Erfahrungsberichten zufolge nebenbei auch noch einen flacheren Bauch bekommen, weil beim Intervallfasten sogenannte viszerale Fettzellen verbrennt werden. Klarerweise hängt das dann aber sehr wohl davon ab, was du isst und ob du sportlich aktiv bist etc. Ein gesunder Körper sorgt für einen gesunden Geist und umgekehrt.

Als hochsensibler Mensch ist das Intervallfasten vielleicht genau das Richtige für dich, damit du dich leichter und freier fühlst. Falls sich der Anfang etwas holprig anfühlt, wisse, dass das normal ist. Für Körper und Psyche ist es eine Umstellung, falls du bisher zu ganz anderen oder unterschiedlichen Zeiten gegessen hast. Insgesamt wirst du auch hier wieder profitieren. Deine Blutwerte können sich bereits nach wenigen Tagen verbessern, dein Körper kann auf lange Sicht schneller und effizienter entgiften. Dadurch wirst du auch gedanklich klarer und allgemein leistungsfähiger.

Du erinnerst dich bestimmt an die sanfte Übergangsphase, welche ich in Verbindung mit der Abendroutine erwähnt habe. Das Intervallfasten passt hier ideal dazu. Es unterstreicht diesen Vorgang und macht deinem Unterbewusstsein jeden Tag pünktlich klar, dass der Ruhemodus schön langsam eingeleitet wird. Wenn dir Ernährungsumstellungen schwerfallen, dann beginne mit zwei Tagen, beim zweiten Anlauf beginne dann mit vier Tagen und so weiter. Alles in deinem Tempo und Spaß darf es auch machen.

Ayurveda

Hierbei handelt es sich weniger um eine Methode, welche man einmalig anwendet. Vielmehr wird Ayurveda als ganzheitliche Lebensphilosophie verstanden. Sie soll für den Einklang von Körper, Geist und Seele sorgen. Wieder geht es unter anderem darum, dem Körper zur Selbsthilfe zu verhelfen, da folglich auch Geist und Seele davon profitieren. Das wird beispielsweise durch Entgiftungskuren, Entschlackungsverfahren, Yoga, Ölmassagen, pflanzlich basierte Fastenperioden, Achtsamkeitsübungen, Dampfbäder, Meditation und verschiedene Körper- und Atemübungen erreicht. Praktizierende meinen, dass jeder Mensch ein individuelles Naturell besitzt, welches auch seinen Ayurveda-Typ bestimmen kann. Sowohl die eigenen körperlichen als auch geistigen Komponenten fließen hier ganz bewusst mit ein. Das Konzept wird der eigenen Individualität angepasst.

Für einen Hochsensiblen kann Ayurveda durchaus der Schlüssel zu einem ausgeglichenen Leben voller Entspannung sein. Stets geht es bei hochsensiblen Menschen darum, sich selbst, inklusive den eigenen Gefühlen und Emotionen, besser zu verstehen, um zwangloser und ausgeglichener durchs Leben zu kommen. Seinen eigenen Ayurveda-Typ herauszufinden, kann sich also als sehr hilfreich erweisen.

Es zeigt sich möglicherweise auch bei dir als ein weiteres, für manche sogar sehr großes, Puzzleteil, um mehr vom ganzen (Selbst)Bild zu sehen. Um den eigenen Ayurveda-Typ zu erfassen, werden die Konzepte sogenannter Doshas herangezogen. Dosha kann mit „Das, was schnell ins Ungleichgewicht kippen kann“ oder „Das, was nicht richtig ist“

übersetzt werden. Doshas sind demnach Lebenskräfte, welche bei jedem Menschen unterschiedlich ausgeprägt sind. Diese sollten stets im Gleichgewicht sein, damit man im Flow und dadurch gesund bleibt. Auch werden sie den Grundelementen Wasser, Feuer, Erde und Luft zugeordnet. Insgesamt gibt es also folgende drei Ayurveda-Typen: Vata, Pitta und Kapha.

Vata

Vata ist für alle Bewegungsabläufe im Körper verantwortlich. Es setzt sich aus den Elementen Luft und Äther zusammen. Das Vata-Dosha ist quasi das Fundament, die essenzielle Grundlage körperlicher und geistiger Aktivität. Es spielt auch beim Atem, beim Stoffwechsel, bei der Verdauung und bei den Gedanken eine Rolle. Es wird als König der Doshas bezeichnet, der hauptsächlich unter dem Bauchnabel, in der Nähe des Dickdarms thront. Ein ausgeglichenes Vata bringt den Menschen in seine Kraft, es verleiht ihm Energie, sorgt für Enthusiasmus und geistige Wachsamkeit. Für folgende Aspekte ist Vata also verantwortlich:

- Steuerung des körperlichen Wachstums
- Bewegungsabläufe in den inneren Organen
- Bewegungsabläufe in allen Körperzellen
- Kontrolle der beiden anderen Doshas
- Regelung der Gedankenaktivität

Pitta

Pitta schöpft seine Kraft aus dem Element Feuer. Mit ihm verbunden sind die Augen, also der Sehsinn. Außerdem steht er für Hitze und in Verbindung mit den Geschlechtsorganen. Auch werden ihm die Attribute heiß, feurig, scharf, sauer, bitter und leicht zugesprochen. Er wohnt im Zwölffingerdarm und im Magen. Für folgende Aspekte ist Pitta also verantwortlich:

- den allgemeinen Stoffwechsel
- das Gleichgewicht der Verdauung
- die Körpertemperatur
- den ausgeglichenen Hormonhaushalt
- den Ausdruck von Emotionen
- den Intellekt

Kapha

Kapha stellt das stabile Gerüst des Körpers und schöpft aus den Elementen Wasser und Erde. Hier wird das Element Wasser mit dem Geschmackssinn, dem Gaumen, der Zunge und mit den Füßen in Verbindung gebracht. Das Element Erde hingegen mit den Händen und der Nase, also dem Geruchssinn. Auch steht es für Form und greifbare Festigkeit.

Das Kapha-Dosha befindet sich im Bereich zwischen dem oberen Teil des Magens und dem unteren Teil der Brust. Ein ausgeglichenes Kapha-Dosha stärkt nicht nur die eigene Abwehrkraft, sondern insbesondere auch die emotionale Stabilität. Es sorgt für spürbare Lebenskraft, für Geduld und für Ausdauer, sofern es eben ausgeglichen ist. Für folgende Aspekte ist Kapha also verantwortlich:

- das stabile Körpergerüst
- die Förderung der eigenen Abwehrkräfte
- den Erhalt der Lebenskraft

- die emotionale Stabilität
- die allgemeine Standfestigkeit

Aromatherapie

Bei der Aromatherapie kommen ätherische Pflanzenöle zum Einsatz. Du kannst sie sanft in die Stirn, die Fußsohlen, ins Kinn, in den Nackenbereich oder in den Bereich der Schläfen einmassieren, um dich zu entspannen. Größtenteils werden sie aber immer noch durch Duftlampen aus Keramik oder durch sogenannte Aroma-Diffuser im Raum über die Luft verteilt. In der Wissenschaft ist man sich über die therapeutische Wirkung von Duftimpulsen einig. Sie stimulieren verschiedene Gehirnareale wie beispielsweise das limbische System. Dieses Areal ist für unsere Gefühle zuständig. Auch kann die Kleinhirnrinde stimuliert werden. In Bezug auf die oft erwähnte Reizüberflutung ist das relevant, denn in der Kleinhirnrinde erfolgt die Verarbeitung von Informationen. Duftöle können dem Gehirn tatsächlich Impulse senden. Unter anderem werden dadurch verschiedene Körperfunktionen und die Produktion von Hormonen angeregt.

Am häufigsten kommen folgende Duftöle zur Anwendung: Pfefferminz-, Vanille-, Orangen- und Lavendelöl. Auch beliebt sind Zitrus-, Nelken-, und Zimt Duftöle oder Tannen-, Kiefer-, und Eukalyptusöle. Von hochsensiblen Menschen habe ich schon oft gehört, dass sie über einen stark ausgeprägten Geruchssinn verfügen. Eine Aromatherapie kann stärkere oder schwächere Auswirkungen haben, je nach Ausprägung des Geruchsinns eines Hochsensiblen. Natürlich gilt auch hier wieder, dass man nicht hochsensibel sein muss, um von einer Aromatherapie profitieren zu können.

Das sollte klar sein, aber in der Regel lässt sich sagen, dass hochsensible Menschen eben auch sensiblere Nasen haben. Bei der Auswahl von Duftölen solltest du stets darauf achten, dass es sich um naturreine Öle handelt. Diese arbeiten nämlich mit dem Körper, und nicht gegen ihn, so wie es synthetische, also künstliche Öle tun. Ich schrieb es bereits: Einmal richtig investiert, Glück und Freude garantiert. Das gilt hier auf jeden Fall. Bei folgenden Symptomen kann sich eine gezielte Aromatherapie wirksam zeigen:

- Erschöpfung
- Erkältung
- Atemwegsbeschwerden

- Kopfschmerzen
- Stresszustände
- starke Nervosität

- Stimmungsschwankungen
- Menstruationsprobleme
- Wechseljahresbeschwerden

Manche dieser Punkte kennt ein Hochsensibler nur allzu gut. Umso schöner ist es, dass es die Möglichkeit einer Aromatherapie gibt. Mach dich diesbezüglich gerne schlauer, falls es dich interessiert. Jedem Öl wird nämlich auch eine ganz bestimmte Wirkung zugesagt. Zuletzt sei explizit erwähnt, dass eine Aromatherapie als begleitendes Pflegekonzept verstanden werden soll. Diese Methode stellt keinen Ersatz für ärztlich angeordnete Therapien dar. Vor allem hilft eine Aromatherapie beim Entspannen und beim Loslassen und somit beim Vorbeugen von Krankheiten. Hochsensible Menschen sollten hier also die Augen beziehungsweise die Nase offenhalten.

Atemtherapie

Eines ist heutzutage leicht ersichtlich: Durch permanenten Stress im Alltag haben wir das richtige Atmen regelrecht verlernt. Die allermeisten Menschen atmen überwiegend über den Brustkorb. Dabei fällt ihnen gar nicht auf, dass sie die Zwerchfell- beziehungsweise die Bauchatmung verkommen lassen. In Indien spricht man davon, erst gesund sein und bleiben zu können, sobald man seine eigene Atmung ganz bewusst und in Ruhe ausführt. Es gibt gute Psychotherapeuten, die Atemtherapien anbieten. Keinesfalls solltest du diverse Atemrituale, wie beispielsweise das Holotrope Atmen, leichtfertig abhalten. Bevor du es selbst angehst, suche lieber einen Psychotherapeuten auf. Menschen mit mentalen Vorbelastungen oder psychischen Krankheiten können nämlich in eine seelische Krise stürzen, wenn sie eine Atemtherapie ohne professionelle Begleitung durchführen.

Das gilt also auch, wenn du unter Depressionen, Zwangs- oder Angststörungen leidest. Allgemein kann dir solch eine Therapie aber viel Positives bringen. Schon nach kurzer Zeit kann sich deine Atmung deutlich vertiefen, was eine verbesserte Lungenfunktion und dadurch eine gesteigerte Leistungsfähigkeit zur Folge hat. Durch die Entspannung beruhigt sich außerdem der Herzschlag. So wird die Psyche entlastet und die Selbstheilungskraft gefördert. Die Muskulatur lockert sich, Ängste lassen nach und Stresshormone werden verringert ausgeschüttet. Bei folgenden Punkten kann eine gezielte Atemtherapie helfen:

- chronische Atembeschwerden
- seelisches Unwohlsein
- Asthma
- Herz-Kreislauf-Beschwerden
- Stresszustände
- Erschöpfung, Burnout
- Ängste
- Schlafprobleme

Atme bewusst, entspannt und natürlich. Atme dich frei!

Heilende Frequenzen

Mit Sicherheit ist dir Meditation bereits ein Begriff. Vielleicht meditierst du gelegentlich oder sogar regelmäßig. In den letzten Jahren hat sich diese Entspannungsmethode bei uns etabliert. Nun ereilt uns jedoch eine neue Technik, die aufgrund ihrer effektiven Wirksamkeit rasant an Beliebtheit gewonnen hat. Die Rede ist von den sogenannten Binauralen Beats.

Hierbei handelt es sich um heilende Frequenzen. Sie werden über Kopfhörer angehört und ersetzen bei vielen Anwendern die übliche Meditationsmusik. Das hat auch einen sehr guten Grund. Binaurale Beats helfen nämlich nicht nur beim Entspannen. Sie bestehen aus bestimmten Frequenzen, die unseren Geisteszustand nachweislich verändern beziehungsweise in den jeweiligen Bereichen unterstützen können. Das Ohr nimmt diese Frequenzen nicht immer bewusst wahr, das variiert je nach Frequenzhöhe. Im Grunde verwendest du Kopfhörer, damit dich links und rechts jeweils verschiedene Sinustöne erreichen. Diese werden in der Fachsprache auch Trägerfrequenzen genannt. Die einen sind höher, die anderen etwas tiefer. Spielt man beispielsweise im linken Ohr eine Frequenz in der Höhe von 300 Hz ab und auf dem rechten zeitgleich eine Frequenz in der Höhe von 308 Hz, entsteht ein Binauraler Beat, dessen Frequenzhöhe der Differenz entspricht. In diesem Beispiel wären das also exakt 8 Hz. Solch ein Binauraler Beat schwingt dann direkt in deinem Gehirn und entfaltet dort seine entsprechende Wirkung. Gezielt kann also genau der Bereich im Gehirn stimuliert werden, der für dein persönliches Ziel ausschlaggebend ist. Das kann die übliche Entspannung, aber auch beispielsweise eine erhöhte Konzentrationsfähigkeit oder die Aktivierung der eigenen Selbstheilungskräfte sein. Außerdem können dich Binaurale Beats vor anderen Frequenzen schützen, die im Außen ständig auf dich einwirken.

Hochwertige und vor allem wirklich effektive Binaurale Beats beginnen ungefähr zwischen 30 und 20 Hz, um dich erst einmal sanft im Alltagsbewusstseinszustand abzuholen. Danach senken sie ihre Frequenz sukzessive, um zu den entsprechenden Hirnarealen vorzudringen. Auf diese Weise entsteht die höchstmögliche Wirkung, da deine eigenen Hirnwellen dem Binauralen Beat folgen, sie sich gewissermaßen einschwingen und somit dein Gehirn dazu anregen, die jeweils gewünschten Vorgänge in Bewegung zu setzen. Gerne kannst du Binaurale Beats auch in Kombination mit deiner üblichen Meditationsübung hören, wenn du das magst.

Viele Leute berichten bei dieser Kombination von einer verstärkten Wirkung. Es wird dich nicht überraschen, wenn ich dir mitteile, dass gerade diejenigen mit feinen Wahrnehmungskanälen verstärkt von der Wirkung profitieren können. Gerade als hochsensibler Mensch solltest du dir Binaurale Beats, oder heilende Frequenzen, wie ich sie lieber nenne, zunutze machen, denn Folgendes könntest du unter anderem damit erreichen:

- erholsamer & viel tiefer schlafen
- Selbstheilungskräfte aktivieren
- Angstgefühle loswerden (psychische Belastbarkeit stärken)
- negative Gedanken stoppen (nicht mehr ununterbrochen grübeln & evtl. Selbstzweifel & dergleichen loslassen)
- Konzentrationsfähigkeit enorm steigern (dadurch besser lernen & allgemein Informationen leichter verarbeiten)

Das sind noch längst nicht alle Anwendungsbereiche, aber jene, welche für einen hochsensiblen Menschen primär interessant sein dürften. Es gibt auch Binaurale Beats, die dir beispielsweise das Astralreisen oder das Luzide Träumen erleichtern können, aber darum soll es in diesem Buch nicht gehen. Es gibt Studien, die das Ganze untermalen und im Grunde genommen lässt sich sagen, dass 9 Binaurale Beats ausreichen, um das volle Spektrum aller persönlichen Bedürfnisse abzudecken. Alle wichtigen Informationen und eine Hörprobe dazu findest du auch auf meiner Homepage. Wenn du magst und das interessant für dich klingt, schau gerne vorbei!

Rechthaberei zaubert Unwohlsein herbei

Ein positiver Gedanke ist tausendmal kräftiger als ein negativer. Mit unserer Art, zu denken, können wir unser Lebensgefühl enorm beeinflussen und folglich die Welt, unseren natürlichen Bedürfnissen entsprechend, verändern. Oft stehen wir uns selbst im Weg, bloß weil wir limitierende Gedanken hegen, erkennen das aber nicht sofort.

Zum allergrößten Teil entscheidet unsere Denke darüber, wie sich uns unser Leben präsentiert. Ich möchte dich nicht dazu ermutigen, immer nur positiv zu denken und somit alles Unschöne um dich herum auf naive Weise auszublenden.

Wenn du als Hochsensibler immer nur zu defensiv bist, wirst du zum Spielball für alle. Denke positiv und handle liebevoll, ja! Aber mach auch den Mund auf, wenn Ungerechtigkeit aufzieht. Das Schweigen eines Hochsensiblen ist die Macht des Unterdrückers. Das möchte ich in aller Deutlichkeit und mit Nachdruck erwähnt haben. So weit, so gut. Wenn du das verinnerlicht hast, du also nicht mehr als Spielball für alle fungierst, kannst du nämlich ruhigen Gewissens schweigen.

Warum schweigen? Naja, nicht jede Aktion verdient (d)eine Reaktion. Du musst nicht jeden Streit annehmen, der dir angeboten wird. Du brauchst nicht über jede Kleinigkeit diskutieren. Es ist nicht deine Pflicht, ständig etwas zu sagen, nur weil man es von dir erwartet. Teile dir deine Energie lieber mit Bedacht ein. Außerdem gibt es in vielen Belangen verschiedene Sichtweisen, die dennoch alle wahr sein können. Wir Menschen sind gleichwertig, aber nicht gleich, daher gibt es Meinungsverschiedenheiten und das ist nicht nur okay, sondern schön, weil diese Vielfalt uns alle bereichert. Geschmäcker sind immer noch verschieden. Wenn dir persönlich etwas schmeckt, teile es gerne mit. Hingegen überlege dir, ob du dich krampfhaft äußerst, wenn dir etwas nicht schmeckt. Alles, was von dir ausgeht, hat eine bestimmte Schwingung und nach dieser richtet sich dann dein komplettes Leben. Du kriegst nämlich tatsächlich, was du gibst. Dein Leben ist das, was du daraus, in Gedanken, Worten und Taten, machst.

Wenn du etwas Gutes zu sagen hast, sprich es laut und vollen Herzens aus. Aber hör auch im richtigen Moment einmal nur zu, bevor du redest. Du musst auch gar nicht reden. Manchmal trägt das bloße Zuhören zur Heilung bei. Bevor du urteilst und bewertest, verstehe. Bevor du verletzt, fühle. Bevor du sprichst, denke – sowohl mit deinem Verstand als auch mit deinem Herzen. Verstehst du? Deine Worte können verletzend sein, selbst wenn sie bloß deiner Meinung entsprechen. Achte auf deine Worte, denn sie manifestieren sich entsprechend in der Welt des Empfängers. Was du damit erschaffst, kommt auch immer irgendwie, irgendwo und irgendwann auf dich zurück. Und wenn du hochsensibel bist, solltest du ganz bewusst darauf schauen, achtsam und wohlwollend zu kommunizieren.

Bevor du sprichst, lass deine Worte durch dieses Tor schreiten: Sind sie wahr? Sind sie zwingend notwendig? Sind sie liebevoll und freundlich? Wer über andere schlecht redet, hat vermeintlich nichts Gutes über sich selbst zu sagen. Das heißt einerseits, dass du dir selbst nicht alles direkt zu Herzen nehmen solltest, was ein anderer dir emotional entgegnet.

Denke lieber positiv, wisse, dass jeder sein Packerl zu tragen hat, und bleibe in der Selbstliebe. Andererseits darfst auch du dir überlegen, ob du negative Bewertungen und Urteile unbedingt fällen musst. Eine negative Meinungsäußerung deinerseits kann dein Gegenüber manchmal über einen langen Zeitraum traurig stimmen. Du weißt, wie ansteckend ein Lächeln sein kann. Vielleicht kennst du solche Videos aus dem Internet, in denen Menschen sich in der U-Bahn gegenseitig mit ihrem Lachen anstecken. Da beginnt einfach einer, der Zweite hält sich lange zurück, kann aber irgendwann nicht anders, als mitzulachen. So geht das dann oft weiter, bis der halbe Waggon einfach nur lacht, ohne genau zu wissen, weshalb.

Die Stimmung wird allgemein fröhlicher, die Menschen fühlen sich glücklicher und unbeschwerter. Und das alles nur, weil einer begonnen hat, zu lachen. Die Energie hat sich also entsprechend transformiert. Genau dasselbe kannst du eben auch für dich implementieren. Betrachte es als Übung, wenn du magst. Beobachte dich selbst. Achte darauf, ob und wenn ja, wie du andere bewertest. Reagierst du, wenn dir das Outfit eines anderen nicht gefällt? Wenn ja, warum? Und wie reagierst du? Sprichst du deine persönliche Meinung aus, obwohl du sie für dich behalten könntest? Finde heraus, ob du selbst eher Dinge bemängelst, oder ob du Komplimente und Lob aussprichst. Deine Worte und Taten sagen nämlich viel über deine Geisteshaltung aus, die wiederum für die entsprechende Energie in deinem Leben sorgt, welche dein Leben in weiterer Folge kreiert. Gerade als jemand, der sensibel ist, solltest du dir dessen bewusst sein.

Oftmals überfordern dich genau jene Energien, die du im Außen selbst provoziert und erschaffen hast. Wenn du wütend und aufgebraust einhundert Bumerangs in die Ferne schießt, kommt der eine oder andere mit voller Wucht zurück, auch wenn du dich bereits umgedreht hast. Der eine kommt sofort zurück, der andere viel später. Nicht immer kannst du jeden Bumerang einer genauen Handlung zuordnen. Aber das erübrigt sich auch, wenn du keine mehr blind und wütend abschießt. Hochsensible Menschen müssen sowieso schon mit vielen Fremdenergien zurechtkommen. In der Regel fühlt ein Hochsensibler, was andere denken. Er kann spüren, was andere glauben, und intuitiv ahnen, wenn etwas nicht stimmt. Selbst also immer wieder einen drauf zu legen, indem man schlecht über andere redet und zu allem eine negative Meinung abgibt, wirkt sich sicher nicht positiv auf das eigene Belastungslimit aus.

ABSCHLUSSGEDICHT

~

Ein hochsensibler Mensch hat es nicht immer ganz leicht.
Zumindest so lange, bis ihn die Kernbotschaft erreicht:
Was lange als Problem erscheint, entpuppt sich dann als Gabe.
Was andere im Grauton sehen, siehst du in voller Farbe.

Weißt du, was ein Vogel denkt, der im Käfig wurde geboren?
Jeder, der seine Flügel verwendet, hat den Verstand verloren.
Das Fliegen sei eine Krankheit, aber wenn du ehrlich bist,
weißt du im tiefsten Herzen, dass du gut bist, wie du bist.

So lass dich nicht beirren, deine Begabung wird gebraucht.
Durch deinen Flügelschlag wird der Welt Liebe eingehaucht.
Du bist schön, so wie du bist, dein Herz, dein wahrer Intellekt.
Du bist die Blume, die sich durch den Beton in Richtung Sonne streckt.

Weichherzig, zartfühlend, nenn es, wie du magst.
Hauptsache du siehst ein: Du bist auffallend begabt.

Wisse das.

~

Vielen Dank

Ich bedanke mich für deine Zeit. Es ehrt mich, dass du meine Worte gelesen hast. Mein Buch ist nur ein weiteres Puzzleteil für dich. Schön, wenn es dir bei deinem (Selbst)Bild weiterhelfen kann. Was dir hilft, kann auch anderen helfen. Was dir nicht hilft, kann ebenso anderen helfen. Also reiche das Buch gerne weiter, wenn du kannst.

Mein Anliegen besteht unter anderem darin, den geisttötenden Irrglauben zu vernichten, welcher meint, das Fliegen wäre eine Krankheit. Ich möchte mehr hochsensible Menschen fliegen sehen. Sie wurden zum Fliegen geboren, aber haben die Erinnerung daran verloren. Bitte erinnere dich an deine Gabe und mach auch anderen klar, dass sie sehr wohl das Recht darauf haben, aus ihrem wahren Potenzial zu schöpfen, um sich zu entfalten. Ja, wenn du aus dem imaginären Käfig ausbrichst, indem du einfach nur du bist, wirst du ausgelacht und teilweise angefeindet. Aber spätestens dann, wenn du mit dir im Reinen bist und du zu einhundert Prozent zu deiner gegebenen Natürlichkeit und allen mit ihr verbundenen Stärken stehst, bewundern sie dich.

Darin soll nicht dein primäres Ziel liegen, aber es soll dir einmal mehr zu verstehen geben, dass du dich auf deine Gabe verlassen kannst, sofern du sie akzeptierst und annimmst. Ein Vogel muss nicht viel darüber nachdenken, ob der Ast unter ihm wegbricht, solange er seine Flügel verwendet. Er muss bloß wissen, dass er fliegen kann, auch wenn ihm das abtrainiert und aberkannt wurde und wird. In diesem Sinne: **Sei du!** Wenn du du bist, trauen sich auch andere eher, sie selbst zu sein. Wenn ich dir mit dem einen oder anderen Tipp helfen konnte, lässt das mein Herz tanzen. Es würde mich sehr freuen!

Zum Abschluss möchte ich dir noch ein Geschenk mitgeben. Ich habe nämlich eine MP3 mit positiven Affirmationen eingesprochen. Diese möchte ich dir schenken. Höre dir gerne die Hörprobe an und lade dir dann die komplette MP3 kostenlos runter. Diese MP3 eignet sich übrigens ideal für deine Morgenroutine. Höre sie dir gerne täglich, direkt nach dem Aufstehen an. So startest du entspannt, aufgetankt und achtsam in den Tag.

Lade dir dein Geschenk jetzt gleich runter, indem du meine Homepage besuchst: **www.michael-repkowsky.at**

Vielen lieben Dank, alles Liebe und bis gleich – Michael.

Diese Bücher könnten dich auch interessieren:

"Wie schafft man es, sich weniger Gedanken darüber zu machen, was andere über einen denken?"

Dieses Buch enthüllt Methoden **zur Steigerung der Bewusstheit** & verknüpft diese mit Ansätzen, welche Ihnen wieder ein **selbstbestimmtes Leben ohne Sorgen** ermöglichen soll.

Nimm gerne Platz am „Authentisch".

Die **Vergangenheit loszulassen,** stellt
sich oftmals als schwierige Herausforderung dar.

Dennoch ist es hier, **heute & jetzt**
möglich - auch für dich!

Befreie dich von Schamgefühlen & lass bohrende
Schuldgefühle endlich los - und zwar **dir zuliebe**!

Energievampire sind meist negativ
denkende Menschen, die in der Lage sind,
uns **wertvolle Lebensenergie zu rauben.**

Selbst kurze Gespräche können mühsam für uns sein.

In diesem Buch findest du **effiziente Tipps, Anregungen & Ideen,** welche dir im **erfolgreichen Umgang mit Energievampiren helfen.**

In dieser Lektüre schlägt der Autor die **Brücke zwischen der rationalen Welt & der Unendlichkeit des Allseins.**

Erfahre **bewährte Tipps & Methoden**, sodass dein achtsamer **Einstieg** in die friedvolle Gegenwärtigkeit **vonstattengehen kann!**

Impressum:

Autor: Michael Repkowsky

Postfach: Stumpergasse 54/9a, 1060 Wien

E-Mail: gesundergeist@gmx.at

Homepage: www.michael-repkowsky.at

Printed in Germany
by Amazon Distribution
GmbH, Leipzig

23368916R00070